권총의과학

권총의 과학

리볼버, 피스톨의 구조와 원리가
단숨에 이해되는 권총 메커니즘 해설

가노 요시노리 **지음** | 신찬 **옮김**

보누스

총을 이해하고 잘 다루는 일은
민주 시민의 교양

평소에 필자는 '국민이 총을 다룰 줄 안다는 것은 민주주의 국가의 근간을 이루는 일'이라고 생각해 왔다. 고대 그리스나 로마의 예를 들지 않더라도 고대 민주주의 국가에서 '시민은 곧 병사'였다. 민주주의 국가에서 '국민은 국가의 주체이며 국가는 국민의 것이다. 그래서 국가의 방위는 국민 한 사람 한 사람의 문제이기 때문에 국민은 무기를 들고 싸우는 병사다.' 이와 같은 사고방식은 너무나도 당연했다.

고대 로마는 용병에게 나라의 방위를 맡기는 큰 잘못을 저지르고 말았다. 군대 지휘관은 이런 풍조를 이용해 국방상 필요하다는 이유로 자신에게 권력을 집중하고 독재자가 되었으며 결국 황제 자리까지 오른다. 황제를 뜻하는 엠퍼러(emperor)가 라틴어로 장군을 의미하는 임페라토르(imperator)에서 기원했다는 사실은 당시 정황을 잘 드러낸다.

중세가 되자 정치 권력은 군사력을 가진 왕후나 귀족, 기사 계급이 독점하고 민중들은 발언권도 없이 그저 착취당하는 존재로 전락했다. 그러나 총의 발명으로 상황이 반전된다. 전장에 총이 등장하면서 전세는 총을 많이 보유한 편이 유리해졌다. 전쟁이 일어나면 농가의 둘째나 셋째 아들을 모아 철포 부대를 조직했다. 이는 군사력을 가늠하는 척도가 기사 계급에서 민중으로 이동했다는 것을 의미한다. 이렇게 되자 왕이나 귀족도 예전같이 민중을 가축처럼 취급할 수 없게 됐다. 이 같은 시대 배경에서 민주주의가 부활한 것이다.

민중 봉기로 지배자를 굴복시킨 역사적 경험이 없다면 '민주주의란 무엇인가?'라는 질문의 진정한 의미를 이해하지 못한다. 국가 지도자를 선거로 뽑을 수 있다면 민주주의 국가일까? 중국은 물론이고 북한조차도 선거를 시행한다. 민주주의란 국민 한 사람 한 사람이 국가의 일을 자신의 일로 생각하고 행동하는 것을 말한다. 유사시 싸움에 임하는 것도 국민 자신의 문제다. 민주주의 국가의 주체인 국민은 군사 지식이 있어야 하며, 무기 사용법도 알고 있어야 한다.

　동아시아 전역은 국가가 총기를 엄격하게 규제하기에 만지는 것조차도 꺼리는 풍조가 생겼다. 하지만 국민은 국가의 주체이기에 군사 지식이 있어야 하고, 무기도 다룰 줄 알아야 한다. 많은 민주주의 국가에서 국민에게 총기 소지를 허용한다. 총기 규제가 심한 나라는 대부분 독재 국가다.

　정치적인 관점이 아닌 다른 관점에서 총기를 바라볼 수도 있다. 모두가 알다시피 인류는 수백만 년 동안 사냥하면서 진화해 왔다. 인류는 사자나 호랑이와 같은 육식 동물과 달리 날카로운 송곳니나 발톱이 없고, 빨리 달릴 수도 없다. 다른 동물과 달리 인류는 무기를 만들어 생존 경쟁에서 승리해 왔다. 어쩌면 많은 수의 남성들이 무의식적으로 총이나 대포를 좋아하는 이유가 여기에 있는지도 모르겠다.

　물론 돌팔매질 또는 창이나 활로 큰 동물을 상대하기에는 그 위력이나 명중률이 형편없었다. 인류는 '사냥감을 제압하는 데 필요한 강력하고 정확한 무기'를 수백만 년 동안 갈망했다. 이런 염원은 인간의 본능이 됐고, 이 본능을 만족시켜주는 것이 총이다.

　이 때문에 총을 좋아하는 것은 본능이며 이성에 관심을 보이는 것처럼 낭연한 일이다. 그런데 왜 그런지 "진짜 총은 필요 없어요. 장난감 총으로 충분합니다."라고 말하는 사람이 있다. 이는 "진짜 사람은 필요 없어요. 인형으로 충분합니다."라고 말하는 것과 다르지 않다고 생각한다. 진짜 사람을 사랑하는 것과 같이 진짜 총을 사랑할 수 있어야 건전한 인간이다.

필자는 '학교 교육에서 사격이나 사냥을 가르쳐 청소년을 건전하게 육성해야 한다.'라고 생각하지만, 국가 정책이 바뀌지 않는 이상 오늘날 사람들의 의식을 바꾸기는 쉽지 않을 것이다. 사격장에 가서 일정한 요금을 내면 총을 쏠 수 있고, 허가 절차를 밟아 사냥을 즐기는 방법도 있다. 건전한 민주 국가의 시민이라면 총을 다루는 법을 배워야 한다.

다만 총에 무지한 사람이 무작정 총을 쏘는 것도 걱정스러운 일이다. 물론 소지 허가나 수렵 면허를 취득하려면 일정한 자격을 갖추고 시험도 치러야 한다. 여기서 필자가 지적하고 싶은 문제는 시중에 총 관련 서적이 많지 않다는 사실이다. 총의 구조를 설명하는 책도 있기는 하지만, 독자가 정말로 총을 다룬다는 전제하에 총 취급법을 알려주는 책은 거의 없다.

이 때문인지 사람들 대부분은 총을 어떻게 취급해야 하는지 모른다. 이는 모형총 매장에 가더라도 느낄 수 있다. 매장에서 일하는 직원조차도 총의 올바른 취급법을 모른다. 예를 들어 '총구는 절대 사람을 향해서는 안 된다.' '표적을 겨냥할 때까지 방아쇠에 손가락을 갖다 대서는 안 된다.' 같은 기본적인 주의사항조차 지키지 않는다.

사람을 향해 총구를 겨누면 안 된다. 이 말은 상자에서 총을 꺼낼 때부터 총구 방향을 주의해야 한다는 의미다. 의도적으로 사람을 향해 총구를 겨누면 안 되며, 총구 방향으로 사람이 오면 조건 반사(무의식)적으로 총구 방향을 돌려야 한다. '장난감 총이니까 괜찮다.'라는 생각은 금물이다. 모형총부터 올바른 취급을 몸에 익히지 않으면 진짜 총을 들었을 때 실수하고 만다.

이 책은 권총의 과학적인 구조와 기능도 다루지만, 권총을 취급하는 방법에도 많은 지면을 할애했다. 일반인이 총을 취급할 수 없다는 것은 당연한 일이 아니다. 생각보다 많은 나라에서 그렇지 않다는 사실을 알아야 한다. 특히 상류 사회일수록 총은 친근한 물건이다. 총과 관련한 지식은 민주 시민의 필수 교양이다. 진정한 민주 시민이 되고자 한다면, 이 책을 읽고

필수 교양을 몸에 익히자.

책을 읽는 것만으로는 총을 안전하게 취급하는 방법을 익힐 수 없다. 이 책을 읽으면서 모형총을 구해서 직접 만져보자. 몇 번씩 반복해서 조건 반사적으로 올바른 취급을 할 수 있을 정도로 훈련한다. 그리고 진짜 총을 쏘러 가보자.

차 례

제3장 **권총의 메커니즘**

제4장 ## 조준과 조준 장치

제5장 ## 권총의 취급

제1장

권총의 기초

권총의 정의
라이플에서 개머리판을 제거하면 권총이다?

권총이란 한 손에 들고 사격할 수 있도록 설계된 총을 말한다. 두 손으로 사격할 때도 많지만, 일단 한 손으로 쏘는 것을 염두에 둔 총이다. 그래서 올림픽 권총 사격 경기에서는 한 손 사격만 허용한다. 오늘날 미국에서는 법률로 '어깨로 지탱하는 개머리판이 없는 총'을 권총이라고 규정한다. 오른쪽 위 사진에 있는 총처럼 라이플의 개머리판을 제거하면 권총인 것이다.

권총은 영어로 '피스톨'(pistol)인데 그 발음이 독일어 '피스토러'(pistole), 프랑스어 '피스토레'(pistolet)와도 유사하다. 중세 이탈리아의 '피스토이아'(Pistoia) 마을에서 제조했기 때문에 붙여진 이름이라는 설과 체코어로 피리 또는 파이프를 의미하는 '피슈짤라'(píšťala)가 어원이라는 설이 있지만 정확하지는 않다.

현재 미국에서는 권총을 핸드건(hand gun)이라고 부르는데, '피스톨' '리볼버'(revolver. 회전식 권총)를 구별한다. 피스톨의 정의는 '총신 하나에 약실 하나'로 이뤄진 권총을 말하는데, 일반인이 알기 어려운 설명이다.(이후 자세히 설명하겠다.) 어쩌면 이런 정의를 내린 사람은 피스톨이 리볼버와 다르다는 점을 강조하고 싶었던 모양이다. 이는 현재 미국이 이런 식으로 용어를 쓰고 있다는 것일 뿐이지 세계 공통은 아니며, 옛날에는 미국에서도 리볼버를 발명한 새뮤얼 콜트(Samuel Colt, 1814년~1862년)가 리볼버를 리볼빙 피스톨이라고 불렀다.

라이플에서 개머리판을 제거하면 권총으로 분류된다.

옵션으로 개머리판을 장착할 수 있어도 설계상 개머리판 없이 사격할 수 있다
면 권총이다.

1-02 권총과 라이플
'라이플'이란 원래 '강선'을 의미한다

총신 내부에는 그 길이에 맞게 한 바퀴 정도 완만히 회전하는 홈이 몇 개나 있다. 권총은 홈의 깊이가 0.1mm 전후이다. 홈이 여러 개이기 때문에 총신 구멍은 둥글지 않고 톱니바퀴 모양이다. 이것이 바로 라이플(rifle. 강선. 腔旋)이다. 탄환은 이 홈의 깊이를 고려해 만들며 화약의 폭발로 생기는 압력을 받은 탄환이 강선에 파고들어 회전력이 생긴다.

화승총에 쓴 볼(ball) 모양의 탄환과는 달리 오늘날 도토리 모양의 탄환은 회전하지 않으면 탄환의 앞부분이 진행 방향을 향해 날아가지 않는다. 그래서 강선은 이른바 라이플뿐만 아니라 권총, 기관총, 공기총, 야전포 등에도 적용돼 있다.

왜 소총이나 사냥총을 라이플이라고 부를까? 라이플이 없던 총이 일반적이던 미국 독립전쟁 당시, 라이플이 새겨진 사냥총을 가진 미국 민병이 라이플이 없는 소총으로 무장한 영국군을 상당히 괴롭혔다는 전적을 기리는 의미도 있기 때문이다.

강선이 새겨진 소총(musket)은 라이플드 머스킷(rifled musket)이라고 불러야 맞지만, '라이플'이라고 줄여 부르면서 라이플이 강선을 의미하는 것이 아니라 총을 의미하게 됐다. 지금 미국에서는 강선을 별도로 라이플링(rifling)이라고 부른다.

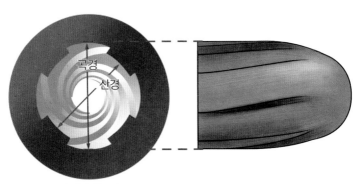

라이플링(강선)

곡경과 동일한 직경의 탄환이 강선을 파고들면서 회전력이 생기기 때문에 탄환에는 강선흔(라이플 마크)이 생긴다.

탄환이 회전하지 않으면 탄환의 앞부분이 진행 방향을 향해 똑바로 날아가지 않는다.

회전하는 탄환은 앞부분이 진행 방향을 가리키며 날아간다.

 **1-03 카트리지란 무엇인가?**

한 발분의 탄환과 화약을 일체화한 것

탄약과 관련한 자세한 내용은 제2장에서 다루겠지만, 총을 좀 더 이해하려면 먼저 탄약의 기초를 알아야 한다. 따라서 여기서 간단히 설명하겠다.

화승총이나 수석총 시대(화승이나 부싯돌로 점화해 탄환을 발사하던 구식 총기를 쓰던 시대-옮긴이)에는 총구에 직접 탄약(탄환과 화약)을 넣어서 발사했지만, 오늘날에는 탄약을 오른쪽 그림처럼 '탄환, 발사약(화약), 뇌관'을 '탄피'에 넣어 일체화한 카트리지(cartridge) 형태로 이용한다. 이때 발사약과 뇌관 속에 들어 있는 기폭약은 서로 성분이 다르다. 발사약은 쉽게 폭발하지 않지만, 뇌관 속의 기폭약은 민감해 뇌관이 살짝 찌그러지는 정도의 충격에도 발화한다. 이 발화는 발사약에 불을 지피고, 폭발하면서 탄환이 발사되는 것이다. 다만 뇌관은 매우 작아서 카트리지를 떨어뜨리거나 어디에 부딪치더라도 뇌관이 찌그러지지 않기에 안전하다. 뇌관 속 기폭약은 방아쇠를 당겨서 직경 3mm 전후의 격침이 뇌관을 타격해야 비로소 발화한다. 오른쪽 위 그림처럼 뇌관이 없이 림(rim) 안에 기폭약을 넣어 림을 타격해서 발화하는 탄약을 림 파이어(rim fire) 방식이라고 하며, 아래 그림처럼 뇌관이 있는 탄약을 센터 파이어(center fire) 방식이라고 한다.

림 파이어 방식은 22구경(5.6mm) 같은 소형 카트리지(무게 5g 전후, 발사약량 0.2g 전후)에만 적용한다. 왜냐하면 림 파이어 방식으로 큰 카트리지를 만들면 떨어뜨리거나 부딪쳤을 때 폭발 위험이 있기 때문이다. 참고로 예전에는 훨씬 큰 림 파이어 방식 카트리지도 생산한 적이 있다.

림 파이어 방식

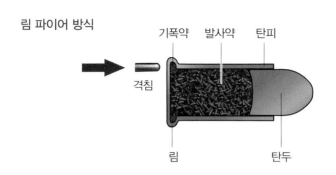

기폭약 발사약 탄피

격침

림 탄두

센터 파이어 방식

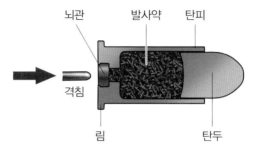

뇌관 발사약 탄피

격침

림 탄두

타흔

림 파이어 방식의 실탄(왼쪽)에는 뇌관이 없고, 림 둘레를 타격하면 발화한다. 사진에 보이는 림 파이어 탄피의 바닥에는 격침으로 타격한 흔적이 보인다.(9시 방향)

1-04 구경 표시 방법
밀리미터 표시와 인치 표시가 있다

구경(口徑)이란 간단히 말하면 탄환의 직경이다. 그러나 엄밀히 생각하면 예를 들어 화승총처럼 총구로 탄환을 밀어 넣는 방식은 총강(銃腔)의 직경 보다 탄환의 직경이 작아야 들어간다.

1-02에서 설명한 바와 같이 오늘날 총은 총강에 라이플링이 있어서 탄 환이 라이플링의 산을 파고들면서 회전력을 얻기 때문에 탄환의 직경은 곡 경(1-02의 그림 참고)과 일치해야 한다. 대부분 총은 구경을 산경으로 표시 (예외도 있음)하므로 탄환의 직경은 구경보다 0.1~0.2mm 크다.

구경의 단위는 일반적으로 밀리미터(mm)로 표시하지만, 미국을 비롯한 일부 나라에서는 인치를 사용하기도 한다. 1인치는 25.4mm다. 구경 45라 고 하면 100분의 45인치, 즉 11.4mm다. 500 S&W나 357 매그넘과 같이 세 자리 숫자로 표기하기도 하는데, 이는 1,000분의 몇 인치임을 나타낸다.

탄환을 '100분의 몇 인치' 또는 '1,000분의 몇 인치'로 표기해야 한다는 규정은 없지만, 관습에 따라 매그넘은 '1,000분의 몇 인치'로 표기하는 경 우가 많다. 하지만 구경과 실측 크기가 다른 경우가 빈번하다. 38 스페셜이 나 38 S&W, 38 슈퍼 등 구경 38로 표시하는 대부분 탄약의 탄환 직경은 100분의 36인치이며 41 롱 콜트는 0.386인치, 유명한 44 매그넘은 0.429 인치이다. 구경의 숫자는 그 탄약의 상품명에 지나지 않는다고 인식하는 것이 좋다.

유럽식 탄약은 구경과 탄피 길이로 표시한다. 예를 들어 9×19는 구경

9mm, 탄피 길이 19mm라는 의미이며 9mm 루거(Luger)나 9mm 패러벨럼 (Parabellum)이 여기에 해당한다. 9×18은 9mm 마카로프(Makarov)로 러시아의 마카로프 권총의 실탄이다.

7.62×25는 7.62mm 토카레프(Tokarev) 실탄이다. 7.62×39R은 러시아의 나강(Nagant) 리볼버의 카트리지로 여기서 R은 림드(rimmed)형 탄피임을 나타낸다. 이 표시 방법은 인치 표시법을 따르는 미국의 카트리지도 표시할 수 있다. 예를 들어 380 ACP 카트리지는 9×17로 표시한다.

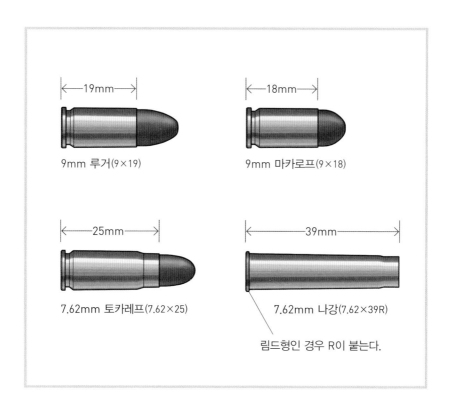

1-05 총을 이야기할 때 등장하는 단위
미터법은 물론 야드파운드법도 알아야 한다

미국은 총뿐만 아니라 자동차나 비행기 등을 이야기할 때도 사용하는 단위가 독특하다. 미국을 비롯해 세계 여러 나라는 미터법을 사용하도록 조약을 맺고 있어 미국도 공업 제품은 미터법으로 표기해야 한다. 그래서 미국은 정부 공문서나 학술 문서에 미터법을 사용한다. 예를 들어 예전에는 구경 0.30인치 라이플로 표기했지만, 오늘날에는 7.62mm라고 한다.

미국 민간에서는 여전히 미터법을 사용하지 않는다. 이런 것을 민간에 강제하는 것은 자유와 민주주의에 반한다고 여기기 때문이다. 그래서 미국의 민간 기업은 좀처럼 단위를 바꾸지 않는다. 이런 이유로 미국제 총이나 비행기, 자동차를 이야기할 때는 미국에서 사용하는 단위들을 알고 있어야 한다. 다음은 인치 이외에 자주 사용하는 단위다.

피트(feet) : 기호는 ft, 1피트=12인치=305mm

야드(yard) : 기호는 yd, 1야드=36인치=0.9144m

파운드(pound) : 기호는 lb, 1파운드=0.4536kg

그레인(grain) : 기호는 gr, 1그레인=7,000분의 1파운드=0.0648g

파운드의 기호가 lb인 이유는 고대의 리브라(libra)라는 단위에서 유래했기 때문이다. 그레인은 화약이나 탄환의 무게를 표시할 때 사용한다. 그램의 기호는 g이고 그레인의 기호는 gr이므로 주의한다.

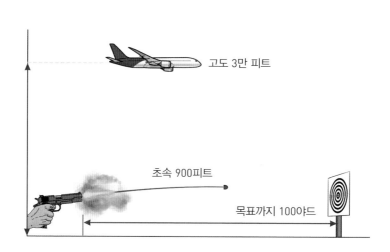

고도 3만 피트

초속 900피트

목표까지 100야드

탄환의 속도는 ft/s로 표시하지만 거리는 야드로 표시하고, 고도는 피트로 표시한다. 통일이 필요하다.

저울로 화약의 무게를 재고 있다. 그레인 단위는 곡물 한 톨의 무게에서 유래했다.

권총탄과 라이플탄
대부분 구조가 다르지만 공용도 있다

권총탄과 라이플탄은 서로 다르다. 오른쪽 위 그림은 권총탄과 라이플탄의 대표인 9mm 루거탄과 7.62mm NATO탄이다. 9mm 루거탄은 7.45g 탄환에 0.42g 화약을 사용하며 390m/s로 발사된다. 7.62mm NATO탄은 9.7g 탄환에 3.11g 화약을 사용해서 840m/s로 발사된다.

7.62mm탄의 발사 직후 운동에너지는 9mm탄의 약 8배이지만, 약 900m를 날아간 뒤에는 공기저항으로 속도가 떨어져 그 에너지는 9mm탄의 발사 직후 운동에너지와 거의 같다. 이처럼 라이플탄은 원거리에서도 충분한 위력을 발휘하도록 많은 화약을 사용해서 발사하고 탄환은 공기저항을 이겨내 멀리까지 날아갈 수 있도록 가늘고 긴 모양이다.

9mm 권총탄의 탄환 무게는 7.62mm 라이플탄보다 가볍지만 탄환의 직경은 크다. 이처럼 무게에 비해 직경이 크면(화약의 압력이 가해지는 탄환 바닥의 면적이 넓다.) 총신이 짧더라도 탄환 가속에 유리하다. 굵고 짧은 탄환은 공기저항 때문에 속도가 쉽게 떨어지지만, 권총은 원거리 사격용이 아니므로 크게 문제는 없다.

오른쪽 중간 그림처럼 라이플에도 권총과 동일한 카트리지를 사용하는 예가 있다. 22 롱 라이플탄은 이름과 달리 매우 작아서 50m 라이플 경기와 소형 권총에 공통으로 사용할 수 있다. 또한 근거리용 라이플인 윈체스터(Winchester) M73용 44-40탄은 권총인 콜트 피스 메이커(Colt Peace Maker)에도 사용한다.

9mm 루거탄
화약량 0.42g

←— 29.7mm —→

←— 19.15mm —→

7.62mm NATO탄
화약량 3.11g

←——————— 69.9mm ———————→

←———— 51.2mm ————→

경기용 스몰 보어(small bore) 라이플

데린저 소형 권총

22 롱 라이플탄

15.6mm

탄환 직경
5.6mm

전장 25.4mm

화약량 0.15g

콜트 피스 메이커

44-40탄

33.3mm

탄환 직경
10.8mm

전장 40.8mm

흑색화약 2.6g

윈체스터 M73

44-40탄은 근거리용이기 때문에 권총탄과 라이플탄으로
사용하지만 기본적으로 권총탄과 라이플탄은 서로 다르다.

1-07 리볼버

리볼버를 발명한 사람은 콜트다?

실탄을 연속해서 발사하려면 어떻게 해야 할까? 쉽게 생각해서 총신이 여러 개 있으면 된다. 하지만 이런 식이라면 총이 크고 무거워져 실용성이 떨어진다. 그래서 '총신에 약실(藥室. 실탄을 넣는 부분)을 장착해 총신 하나에서 약실 여럿을 순서대로 맞춰가며 발사한다'는 아이디어가 각광을 받고 널리 받아들여졌다.

이처럼 총신 뒤에 약실 몇 개로 이뤄진 원형 실린더(cylinder. 실린더 블록이라고 하지 않고 그냥 실린더라고 한다.)를 장착해 약실을 순차적으로 총신에 맞춰 발사하는 구조의 총을 리볼버라고 한다. 이를 발명한 사람은 미국의 새뮤얼 콜트라고 알려져 있다. 물론 그 이전부터 이런 아이디어는 세계 여러 곳에서 찾아볼 수 있지만, 실용화해서 상업적으로 성공한 사람은 콜트다.

실린더에 달린 약실이 6개면 6연발, 8개면 8연발이다. 약실 수가 많으면 실린더 직경도 크고 무거워지므로 5~8발이 적당하며 6발이 표준이다. 그런데 이런 리볼버는 권총에는 있지만 라이플에는 없다.

예전에는 생산했지만, 지금은 찾아볼 수 없다. 리볼버는 실린더와 총신 사이에 약 0.1~0.2mm 간격이 있기에 여기로 화약의 폭발 가스가 새어 나온다. 그래서 권총보다 위력이 몇 배나 센 라이플탄을 사용하면 새어 나오는 가스도 강력해서 위험하다. 이런 이유로 리볼버 라이플은 콜트 M1855같이 긴 형태의 권총 모양을 한 라이플이 과거 몇 종류 있었을 뿐이다.

페퍼박스(Pepperbox) 권총

연속 사격이 가능한 총을 만들려면 총신이 여러 개 있으면 된다. 하지만 크고 무거워진다.

리볼버

실린더

이 간격을 실린더 갭이라고 한다.

실린더 갭(cylinder gap)에서 새어 나오는 가스 때문에 리볼버에서 발사된 탄환의 속도는 가스가 새지 않는 같은 길이의 총신에서 발사했을 때와 비교해 초속이 3~8% 떨어진다. 이 간격을 좁히면 몇 발 쏘지 못하고 카본이 쌓여 실린더가 돌아가지 않는다.

실린더 액션과 더블 액션
더블 액션은 속사가 가능하지만 명중률이 낮다

리볼버는 손가락으로 격철(擊鐵)을 젖히면 격철 아랫부분의 갈퀴가 실린더 밑에 있는 톱니바퀴처럼 생긴 돌기에 걸리면서 실린더를 한 칸씩 회전시킨다. 이후 방아쇠를 당기면 격철이 쓰러져 뇌관을 타격하고, 탄환이 발사된다.

한 발 쏠 때마다 손가락으로 격철을 젖히는 방식을 싱글 액션(single action)이라고 한다. 서부 영화에 자주 등장하는 콜트 피스 메이커가 대표적인 싱글 액션 권총이다. 이에 비해 더블 액션(double action)은 손가락으로 격철을 젖히지 않아도 방아쇠를 당기는 힘만으로 방아쇠에 연동된 레버가 격철을 젖히고, 방아쇠를 끝까지 당기면 격철이 쓰러져 발사되는 방식을 말한다. 더블 액션은 방아쇠만 당기면 순차적으로 발사되기 때문에 편리하지만, 용수철이 걸린 격철을 방아쇠를 당기는 힘으로 젖혀야 하므로 강한 힘이 필요하고 당기는 간격도 길다.

더블 액션으로 사격하면 총이 흔들려 명중률이 떨어지기 때문에 정확한 사격이 필요할 때는 먼저 격철을 손가락으로 젖혀서 사격하고, 정확도보다 빠른 사격이 필요할 때는 더블 액션으로 사격을 한다.

오늘날 대부분 리볼버는 더블 액션이지만, 고전적인 멋을 내려는 총이나 전투가 목적이 아닌 표적 사격용 또는 사냥용 총은 싱글 액션도 있다. 그리고 근거리 사격이 목적인 더블 액션 온리(double action only)도 있다.

더블 액션의 구조

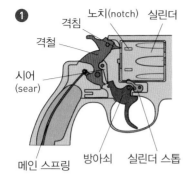

❶ 노치(notch) 실린더
격침
격철
시어
(sear)
메인 스프링   방아쇠   실린더 스톱

❷

방아쇠를 당기면 방아쇠 뒤의 돌기가
시어에 걸려 격철이 젖혀진다.

❸

방아쇠를 계속 당기면 돌기가 시어에
서 빠지고, 또 하나의 돌기가 격철 아
랫부분에 걸려 격철이 추가로 더 젖
힌다. 이때 실린더 스톱은 노치에서
빠져나오고 실린더는 회전한다.

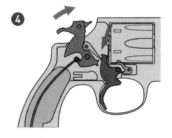

❹

실린더 스톱이 노치에 걸리고, 방아
쇠의 돌기를 벗어난 격철은 전방으로
쓰러진다.

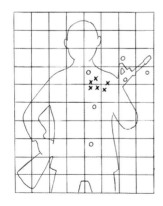

10m 거리에서 사격한 표적. ×는 싱글 액
션, ○는 더블 액션. 이처럼 명중률의 차이
가 있다.

1-09 자동 권총

어떤 구조가 자동으로 작동하는가?

자동 권총은 무엇이 자동이라는 말일까? 자동 권총은 약실로 실탄을 보내는 작동이 자동으로 이뤄진다. 즉 자동 장전식을 의미한다. 리볼버도 더블 액션이라면 방아쇠를 당기는 것만으로 6발, 7발 쏠 수 있지만 다 쏘고 나면 빈 탄피를 수동으로 제거하고 다시 수동으로 실린더에 실탄을 장전해야 한다. 리볼버는 총신이 여러 개 있는 것과 같기에 약실이 5개라면 5발, 6개라면 6발 쏠 수 있지만, 약실에 실탄을 넣거나 빈 탄피를 제거할 때는 이처럼 직접 손을 사용해야 한다.

이에 비해 자동 권총은 손으로 실탄을 약실로 보내거나 빈 탄피를 손으로 제거할 필요가 없다. 자동 권총은 탄환을 발사하는 화약의 힘으로 슬라이드(볼트)를 작동시켜 자동으로 실탄을 약실로 보내고, 빈 탄피를 배출한다. 리볼버의 더블 액션과 달리 싱글 액션처럼 방아쇠를 당길 때 가벼운 힘만으로 연속 발사할 수 있다. 오른쪽 그림은 자동 권총의 작동 방식을 설명한다. 자동 권총도 최초 한 발은 슬라이드를 손으로 당겨서 장전한다. 슬라이드에서 손을 떼면 용수철(recoil spring)의 힘으로 슬라이드가 전진하며, 이때 탄창에서 실탄 한 발을 약실로 보낸다. 여기까지가 발사 준비가 완료된 상태다. 이후 방아쇠를 당기면 격철이 쓰러져 격침이 뇌관을 타격하고 탄환이 발사된다. 발사 반동으로 슬라이드는 후퇴하며, 이때 빈 탄피는 배출된다. 또한 후퇴한 슬라이드는 격철을 젖히고 용수철은 슬라이드를 원위치시키며 다음 실탄을 약실로 보내서 두 번째 발사를 준비한다.

슬라이드

➡ 슬라이드를 손으로 당긴다.

총신

용수철이
압축된다.

약실

슬라이드에 밀려
격철이 젖혀진다.

❶ 슬라이드를 당긴다.

용수철은 원위치

❷ 손을 떼면 용수철의 힘
으로 슬라이드가 전진한
다. 탄창의 실탄이 약실
로 보내진다.

❸ 방아쇠를 당기면 격철이
쓰러져 격침이 뇌관을
타격한다.

슬라이드가 후퇴하고
빈 탄피가 배출된다.

❹ 탄환이 발사되고 반동으
로 슬라이드가 후퇴해서
격철을 젖힌다.

1-10 더블 액션 자동 권총
자동 권총을 더블 액션으로 제작하는 이유

자동 권총을 쏠 때는 일단 슬라이드를 당겨서 약실로 실탄을 보내야 한다. 그래서 돌발 상황이 벌어지면 리볼버보다 발사 속도가 느리다. 안전장치가 있어 미리 슬라이드를 당겨서 약실로 실탄을 보내고, 격철이 젖힌 상태로 총을 가지고 다닐 수 있지만 아무래도 위험하다. 격철을 손가락으로 꽉 쥐고 방아쇠를 당겨 격철을 천천히 쓰러트려 놓고, 쏘기 직전에 싱글 액션 리볼버처럼 손가락으로 격철을 젖혀 쏘는 방법도 생각할 수 있다. 하지만 상대가 더블 액션 리볼버라면 한발 늦는다.

이 때문에 자동 권총에도 더블 액션이 등장했다. 예를 들면 독일의 발터(Walther) PP나 영화 〈007 제임스 본드〉의 권총으로 유명한 발터 PPK, 제2차 세계대전에서 독일군이 사용하고 애니메이션 〈루팡 3세〉의 주인공이 애용한 발터 P-38 등이 있다. 지금은 많은 나라에서 더블 액션 방식의 군용 권총을 보급하고 있다.

오른쪽 위 그림은 발터 P-38의 더블 액션 구조를 설명한다. 격철(❶)은 쓰러진 상태지만 격침(❷)의 홈에 안전장치(❸)가 걸려 있어 격침의 전진을 막는다. 방아쇠(❹)를 당기면 시어 레버(❺)가 시어(❻)를 일으키고, 시어는 더블 액션 릴레이(❼)를 작동시켜 격철을 젖힌다. 동시에 안전장치 해제판(❽)이 작동해 격침의 움직임을 막고 있던 안전장치를 밀어 올려 격침을 개방한다. 방아쇠를 끝까지 당기면 걸려 있던 시어와 격철이 풀려 격철은 격침을 때리고 뇌관을 타격한다.

발터 P-38의 더블 액션

디코킹 레버

디코킹 레버

대부분 더블 액션 권총은 격철을 쓰러트릴 때 손으로 잡지 않아도 디코킹 레버 (decocking lever)를 누르면 격철이 격침을 타격하지 않고 안전하게 쓰러진다.

1-11 중절식

데린저는 어떤 권총인가?

중절식(中折式. break action)은 산탄총에 많이 보이는 방식으로 라이플이나 권총에는 흔하지 않다. 하지만 총을 소형으로 제작할 수 있기 때문에 데린저(Derringer) 권총은 중절식이다. 데린저는 원래 19세기 중반 전장식(前裝式) 퍼커션(percussion. 뇌관 격발) 총 시대에 포켓 사이즈의 소형 권총을 개발한 사람의 이름이다.

모든 포켓 사이즈 권총을 데린저라고 부르는 것은 잘못이지만, 사륜구동차를 일반적으로 지프라고 부르는 것처럼 포켓 사이즈 권총을 데린저로 부르는 것이 보통이다. 다만 아무리 작아도 자동 권총은 데린저라고 부르지 않는다.

중절식 단발총도 있지만 대부분 총신이 2개인 더블 데린저다. 총신이 4개인 경우도 있다. 중절식은 원시적으로 보이지만 간단해서 취급이 손쉬우며, 매우 가까운 거리에서 순간적인 승부가 필요하다면 자동 권총이나 리볼버보다 오작동 확률이 낮아서 신뢰할 수 있다. 다만 명중률은 기대하기 힘들다.

중절식 단발총은 데린저처럼 소형 권총뿐만 아니라 권총과 라이플의 중간 크기도 있다. 톰슨 컨텐더(Thompson Contender)가 대표적이다. 표적 사격용이나 사냥용이지만 한 발로 승부하겠다는 사람은 저렴하고 명중률도 좋은 총을 찾을 수 있다.

중절식은 대개 총구를 아래로 젖힌다.

COP357

유명한 레밍턴 더블 데린저는 총신을 위로 젖힌다.

4연발 데린저도 있다.

톰슨 컨텐더

총신 교환이 쉬운 구조이기 때문에 다양한 교체용 총신을 판매한다. 총신을 주문 제작해도 큰 비용이 들지 않기 때문에 탄약을 공부하기에 적당한 총이다.

1-12 권총의 재질
최근에는 플라스틱이 주류

권총의 재질은 예전부터 철이었다. 흑색화약을 사용하던 시대의 리볼버는 부분적으로 청동이나 황동을 사용하기도 했다. 총신은 강철이어야 하지만 흑색화약은 철을 녹슬게 하므로, 높은 강도가 필요하지 않은 부분에는 청동이나 황동을 사용했다. 참고로 청동은 철보다 무겁다.

20세기 후반에 들어서는 스테인리스로 만든 총이 등장했다. 세계 최초 스테인리스 리볼버는 S&W의 M60이다. 지금은 무연화약을 사용하기 때문에 철이 녹슬지 않지만, 손의 땀이나 습기를 원인으로 녹스는 경우가 있다. 어쨌든 철은 녹이 스는 단점이 있지만 스테인리스는 이런 단점을 극복할 수 있다. 다만 스테인리스도 철의 합금이기 때문에 무겁다.

20세기 후반부터 알루미늄 합금 프레임이 등장했다. 발터 P-38의 제2차 세계대전 이후 모델이나 콜트 커맨더(Colt Commander) 등이 바로 그것이다. 리볼버에서는 S&W의 M37이 대표적이다. 경량화를 위해서 S&W의 M337처럼 프레임은 알루미늄이고 실린더는 티타늄인 권총도 등장했다. 20세기가 끝날 무렵에는 금속 소재가 아닌 플라스틱 권총이 등장했다. H&K의 VP70이 최초였지만, 그다지 팔리지 않았고 그다음 등장한 글록(Glock) 권총이 폭발적인 인기를 얻으며 보급됐다.

플라스틱이지만 총신 등 강도가 필요한 부분은 철이며 X선 사진에서도 권총 모양으로 찍힌다. 처음에는 플라스틱 총의 강도에 의심을 품은 사람이 많았으나, 매우 튼튼해서 다른 제조사도 플라스틱 총을 출시하고 있다.

20세기 후반부터 스테인리스 총이 등장했다. 사진은 S&W의 M649다.

최근에는 플라스틱 권총이 유행이지만 필자는 FN Five-seveN 프레임이 부서지는 경험을 했다.

매그넘이란 무엇인가?

22 구경의 매그넘보다 38 구경이 강력하다

매그넘(magnum)은 큰 와인 병 정도의 크기를 의미한다. 표준 크기의 병보다 두 배가량 용량이 크다. 입구 크기는 똑같다. 여기에 기인해 구경은 같지만 탄피가 큰(화약량이 많은) 탄약을 매그넘이라고 부른다.

예를 들어 0.58g 화약으로 15.6g 탄환을 230m/s로 발사하는 44 스페셜과 구경은 같지만, 탄피가 다소 길어 1.56g 화약으로 15.6g 탄환을 436m/s로 발사하는 탄약이 만들어지자 44 매그넘이라고 명명했다.

참고로 44이지만 실제로는 구경 0.41인치로 다소 과대 표시돼 있다. 흑색화약 시대에 구경 44가 보급돼 있었는데, 무연화약을 사용하는 구경 41이 개발되자 위력이 약해 보여서는 안 된다는 생각에 44로 불렀다고 한다.

22 롱 라이플은 탄피 길이가 15.6mm이며 2.6g 탄환을 380m/s로 발사한다. 이에 대해 탄피 길이가 26.8mm이며 2.6g 탄환을 620m/s로 발사하는 탄약이 만들어지자, 매그넘으로 분류하고 22 윈체스터 매그넘 림 파이어로 명명했다.

그러나 22 매그넘 림 파이어는 매그넘이 아닌 44 스페셜이나 9mm 루거 등에 비해 매우 작다. 정리하자면 매그넘이라고 다 강력한 것은 아니고 어디까지나 동일 구경을 비교했을 때 더 강력하다는 의미다.

❶	22 롱 라이플
❷	22 윈체스터 매그넘 림 파이어
❸	38 스페셜
❹	357 매그넘
❺	44 스페셜
❻	44 매그넘
❼	AA 건전지

38 스페셜의 매그넘탄은 357 매그넘으로 구경을 표시하는 숫자가 다르다. 38 스페셜 외에 미국의 많은 38이라고 표시한 탄약의 실제 크기는 0.357인치(9.1mm)다. 매그넘탄인 357 매그넘은 숫자를 정직하게 표시한다. 44 스페셜과 44 매그넘도 실제 구경은 0.41인치(10.4mm)다.

357 매그넘탄을 사용할 수 있는 S&W M686(6인치). 탄피가 짧은 38 스페셜탄도 사용할 수 있다.

1-14 탄환의 속도
기온에도 영향을 받는다

탄환 속도는 얼마나 될까? 물론 총과 탄약의 종류에 따라 다르지만, 오른쪽 표로 정리했다. 참고로 표에 있는 초속(初速)이란 탄환이 총구에서 벗어난 직후의 속도를 의미한다. 탄환이 총구를 벗어난 이후에는 공기저항 탓에 속도가 떨어진다.

그런데 똑같은 제품이라고 해도 미미한 속도 차이가 있다. 기온에 따라서 초당 수십 미터 수준의 차이를 보이기도 한다. 기온이 높으면 총신 내부의 압력이 올라가 속도가 빨라진다. 반대로 기온이 낮으면 압력이 떨어져 초속도 저하된다. 제조사가 다르면 차이는 더 극명해진다. 이에 대해서는 제2장과 제7장에서 자세히 다루겠다.

탄환 속도는 총신 길이에도 영향을 받는데, 총신이 길수록 초속이 빠르다. 같은 명칭의 총이라고 해도 총신 길이가 다른 제품이 판매되고 있다.(예를 들어 콜트 파이슨) 그러나 그 차이는 말을 타고 달려오는 적과 도망가는 적을 쏠 때의 차이 정도이기 때문에 정밀사격이 아닌 이상 별로 신경쓸 수준은 아니다.

오른쪽 표의 발사약량도 대략적인 수치다. 같은 탄약이라고 해도 제조사가 다르면 발사약도 다소 다르고, 탄피에 들어가는 양도 차이가 있다. 이런 이유로 제조사가 다른 탄약을 쏘면 탄착점이 달라지는 것을 느낄 수 있다.

각종 권총탄의 탄두 무게, 발사약량, 초속

총 명칭	탄약명	탄두 무게(g)	발사약량(g)	초속(m/s)
루거 Mk.II	22 롱 라이플	2.60	0.10	313
토카레프 TT	7.62mm 토카레프	5.64	0.50	420
난부 14년식	8mm 난부	6.61	0.32	340
베레타 92	9mm 루거	7.45	0.42	390
루거 시큐리티 식스	38 스페셜	9.72	0.32	264
브라우닝 M1910	380 ACP	6.48	0.26	285
콜트 38 슈퍼 오토	38 슈퍼	6.48	0.45	382
S&W M686	357 매그넘	8.10	0.56	433
차터 암즈 불독	44 스페셜	12.96	0.38	226
S&W M29	44 매그넘	12.96	0.78	393
콜트 M1991A1	45 ACP	14.90	0.38	226
콜트 피스 메이커	45 롱 콜트	16.85	0.53	250
454 커술	454 커술	16.85	2.20	551
데저트 이글	50 AE	21.10	1.91	446
500 S&W	500 S&W 매그넘	25.92	2.85	462

탄속계. 최근에는 저렴하게 살 수 있다.

거버먼트란 무엇인가?

콜트 M1911 권총은 마니아 사이에서 정치나 정부를 의미하는 거버먼트(government)로 불린다. 정확히는 거버먼트 모델이다. 이렇게 불리는 이유는 군용 권총으로 정부 관급품이기 때문이다. 군대가 사용하는 모든 물건은 거버먼트 물품에 해당한다. 참고로 미국 병사를 GI라고 부른다. 이는 Government Issue, 즉 관급품을 몸에 두르고 있기 때문이다.

따라서 군대에서 정식으로 조달하는 물건 또는 그와 완전히 같은 형태의 물건이 아니면 거버먼트 모델이라고 불러서는 안 된다. 민간에서 판매하는 군용과 다소 다른 제품은 사실상 거버먼트 모델이 아니다.

콜트 M1911에서 파생한 제품은 군납품과 상당히 다른 민간용 총이지만, 마니아 사이에서는 왜 그런지 몰라도 거버먼트라고 불린다. 물론 이는 정식 명칭이 아니다.

일본도 1980년대까지 콜트 거버먼트를 보급했다. 사진은 육상 자위대의 항공 야정비대(Aircraft Field Maintenance)에서 사용하던 기종.

제2장

탄약의 구조

2-01 탄환 모양

권총탄 대부분은 모양이 라운드 노즈

원거리 사격이 중요한 라이플탄은 모양이 날렵해서 공기저항이 적다. 오른쪽 그림의 ❶과 같이 앞쪽이 뾰족한 탄환을 첨두탄(尖頭彈. pointed bullet)이라고 하며, 특히 더 뾰족한 탄환은 첨예탄(尖銳彈. spire pointed bullet)이라고 한다. 다만, 이 두 가지의 분류 기준은 명확하지 않다.

탄환 뒤가 좁아지는 형태를 보트 테일(boat tail)이라고 한다. 탄환이 빠르면 탄환에 밀린 공기가 탄환 뒤로 돌아 들어가지 못해 탄환 바로 뒷부분은 진공 상태가 된다. 이것이 탄환 속도를 떨어뜨리는 요인이 되는데, 보트 테일은 공기 흐름을 원활히 해준다.

권총탄은 근거리 사격용이기 때문에 라이플탄에 주로 적용하는 첨두탄이나 보트 테일과 같은 모양이 그다지 필요하지 않다. 대부분 오른쪽 그림의 ❷와 같이 굵고 짧다. 이런 형태를 원두탄(圓頭彈. round nose)이라고 한다. ❸은 평두탄(平頭彈. flat nose) ❹는 와드 커터(wad cutter)라고 한다.

플랫 노즈는 공기저항이 크지만 권총이 근거리 사격용이라는 점을 감안한다면 의외로 명중률이 좋은 편이다. 와드 커터는 경기용으로 많이 사용한다. 라운드 노즈로 표적을 쏘면 뚫린 구멍을 찾기 힘들지만, 와드 커터는 표적에 둥근 구멍이 명확히 생기기 때문에 채점할 때 편리하다.

① 라이플탄에 많이 보이는 첨두탄

보트 테일

앞쪽 끝이 뾰족한 형태를
포인티드라고 한다.

② 권총탄은 대체로 라운드 노즈

라운드 노즈

③ 근거리 사격용은 명중률이 좋은 평두탄

플랫 노즈

④ 경기용으로 채점하기 편리한 와드 커터

2-02 탄환의 재질

오늘날 탄환은 납을 동으로 감싼다

백여 년 전에는 탄환을 납으로 만들었다. 납으로 만드는 이유는 열로 녹여 거푸집으로 쉽게 성형할 수 있을 뿐만 아니라 크기에 비해 무거워 공기저항을 이겨내고 멀리까지 날아갈 수 있기 때문이다.

하지만 화약이 개선되고 탄환 속도가 빨라지면서 총신 내부에 납이 들러붙는 현상이 발생했다. 총을 정비할 때 붙어 있는 납을 뜯어내기란 여간 힘든 일이 아니다. 게다가 고속 라이플탄은 얇은 판도 뚫지 못하고 찌그러지기 일쑤였다. 결국 탄환은 납을 동으로 감싸는 구조로 진화한다. 다만 속도가 300m/s를 크게 넘지 않는 느린 탄환은 지금도 납만으로 만들기도 한다.

납을 열로 녹여 거푸집으로 성형하는 탄환을 캐스트 불릿(cast bullet)이라고 하고 동으로 감싼 탄환은 재키티드 불릿(jacketed bullet)이라고 한다. 오늘날 공장에서 대량 생산하는 탄환은 열로 녹이지 않고 프레스로 눌러 만든다.

탄환은 납으로 된 코어(core)와 이를 감싸는 재킷(jacket)으로 이뤄져 있다. 코어는 순수한 납만을 사용하기도 하지만 대개 안티몬(Sb)을 소량 첨가해 단단하게 만든다. 재킷도 일반적으로 동 90~95%와 아연 5~10%로 만든 합금이다. 아연을 많이 함유하면 황동색에 가깝고, 니켈 함유가 많으면 은색을 띤다. 일부 군용탄은 철에 동을 도금하기도 한다.

캐스트 불릿은 이런 거푸집에 납을 부어서 만든다.

오늘날 탄환은 납으로 된 코어를 동 합금(재킷)으로 감싼 구조다. 군용 풀 메탈
재킷(full metal jacket)탄(왼쪽)은 풀 메탈이라고 부르지만, 바닥 부분은 납이 드
러나 보인다. 민간용인 할로 포인트(hollow point)(오른쪽)나 소프트 포인트(soft
point)는 바닥부터 재킷으로 감싸기 때문에 머리 부분의 납이 드러나 보인다.

탄환의 구조(1)
전쟁용 탄환이 풀 메탈 재킷인 이유

그림 ❶과 같이 납으로 된 코어를 머리부터 재킷으로 감싼 것은 바닥에 납이 드러나 보이지만 통상 풀 메탈 재킷이라고 한다.

재킷을 바닥부터 감싸 머리 부분의 납이 노출된 그림 ❷와 같은 탄환을 소프트 포인트 또는 소프트 노즈(soft nose)라고 한다. 풀 메탈 재킷은 몸에 박히면 별로 변형되지 않지만, 소프트 포인트는 그림 ❸과 같이 찌그러지기 때문에 큰 상처를 만든다. 이처럼 탄환이 버섯 모양으로 찌그러지는 것을 머시루밍(mushrooming), 익스팬션(expansion)이라고 한다.

그림 ❹는 할로 포인트로 탄환 앞쪽에 구멍이 있다. 이는 소프트 포인트 이상으로 머시루밍이 잘 발생하는 구조다. 소프트 포인트의 납 노출 부분이 적거나 할로 포인트의 구멍이 작더라도 탄환 속도가 빠르면 크게 찌그러진다. 반면 탄환 속도가 느리다면 납의 노출 면적을 넓히거나 구멍을 크게 뚫어야 효과적인 머시루밍을 기대할 수 있다.

소프트 포인트나 할로 포인트 탄환을 군사적으로 사용하면 별도로 덤덤탄(dum dum bullet)이라고 부른다. 이는 영국이 식민지 인도의 덤덤 병기 공장에서 생산했기 때문에 붙은 이름이다. 덤덤탄은 잔인하다는 이유로 국제법상 전쟁에서 사용을 금지하고 있으므로 군용탄은 풀 메탈 재킷이다. 다만 구일본군의 26식 권총탄은 재킷으로 감싸지 않은 그냥 납 덩어리인데, 탄환이 너무 느려서 머시루밍 발생을 우려하지 않아도 되기 때문이다.

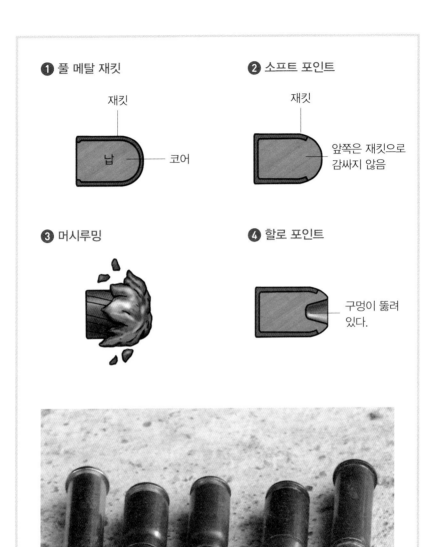

❶ 풀 메탈 재킷

재킷

납 — 코어

❷ 소프트 포인트

재킷

앞쪽은 재킷으로
감싸지 않음

❸ 머시루밍

❹ 할로 포인트

구멍이 뚫려
있다.

왼쪽부터 풀 메탈 재킷, 풀 메탈 재킷의 평두탄, 소프트 포인트, 할로 포인트,
재킷이 없는 납탄

탄환의 구조(2)
살상력이 높은 세이프티 슬러그

그림 ❶은 할로 포인트의 구멍 속에 기둥이 솟은 형태로 히드라 쇼크(hydra shock)라고 한다. 할로 포인트보다 더 효과적인 머시루밍을 기대할 수 있다. 그림 ❷와 같이 탄환 앞에 칼집을 내어 명중 시 탄환이 펼쳐지는 형태도 있는데, 바나나 껍질을 벗긴 듯한 모양이라는 의미로 바나나 필(banana peel)이라고 한다. 블랙 탈론(Black Talon)이라는 제품이 유명한데, 등장했을 때 너무 잔혹하다는 비난에 판매 중지했다. 현재는 이름만 다른 같은 기능의 탄환이 판매되고 있다.

세이프티 슬러그(safety slug)는 산탄을 수지로 싸서 탄환으로 만든 것이다. 사람 몸에 박히는 순간 산탄이 퍼져 의사도 손을 쓸 수 없을 정도로 심한 상처를 입힌다. 이처럼 살상력이 매우 높은데 세이프티(안전) 슬러그라고 불리는 이유는 다음과 같다.

- 표적을 맞히지 못했을 때 관통력이 거의 없어서 벽 뒤의 사람에게 위협적이지 않다.
- 탄환이 표적에 비켜 맞아도 튕기지 않기 때문에 2차 피해가 없다.

그림 ❹는 프랜저블(frangible)탄으로 세이프티 슬러그의 개념을 더욱 발전시킨 형태다. 탄환이 금속 분말로 이루어져 있다. 예를 들어 항공기 내에서 총으로 항공기 납치범을 제압할 때 기체에 구멍이 뚫리는 안전사고를 방지할 수 있다. 관통력이 극도로 낮지만, 인체에는 매우 큰 타격을 준다.

① 히드라 쇼크

② 블랙 탈론의 바나나 필 현상

칼집이 난 것
처럼 보임

③ 세이프티 슬러그

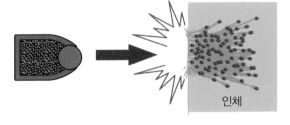

인체

④ 프랜저블탄

항공기 벽

사람 몸이라면 박힌 후 분쇄되지만,
다소 단단한 판은 관통하지 못한다.

탄피

다양한 형태의 탄피가 있다

오른쪽 그림 ❶과 같이 탄피 바닥이 몸체 직경보다 큰 탄피를 림드 (rimmed)형이라고 한다. 리볼버의 탄피는 대개 이런 형태다. 자동 권총은 탄창에 실탄을 넣거나 탄창에서 약실로 실탄을 보낼 때 림이 걸릴 수 있다. 그래서 자동 권총은 림드형을 사용하는 경우도 있지만 그림 ❷처럼 림리스 (rimless)형이 주류다. 다만 림리스형도 발사 후 익스트랙터(extractor)라는 갈퀴가 탄피를 끄집어낼 때 걸리는 부분이 필요하기 때문에 림이 없는 것은 아니며, 몸체와 동일한 직경을 가진 림이 홈으로 구분돼 있다.

그림 ❸과 같이 언뜻 림리스형처럼 보이지만 자세히 보면 몸체 직경보다 림 직경이 미세하게 큰 세미 림(semi rim)형도 있다. 반대로 그림 ❹처럼 몸체 직경보다 림 직경이 작은 리베이티드 림(rebated rim)형도 소수 있다.

탄피의 몸체(보디)는 그림 ❺와 같이 스트레이트(straight)형이 대부분이지만 그림 ❻과 같이 앞쪽이 좁아지는 테이퍼드(tapered)형도 있다. 다만 권총용 탄피는 라이플용과는 달리 테이퍼드라고 해도 자세히 보지 않으면 잘 알 수 없다. 탄환(탄두)을 끼우는 부분이 그림 ❼처럼 몸체 직경보다 작은 것을 보틀 넥(bottle neck)형이라고 한다. 라이플용 탄피로는 많이 사용하지만 권총용은 드물다.

탄피 재질은 놋쇠(황동)로 대부분 동 70%, 아연 30%로 이뤄진 합금이지만, 국가나 제조사에 따라 다소 차이가 있다. 드물지만 철이나 알루미늄 소재로 만들기도 한다.

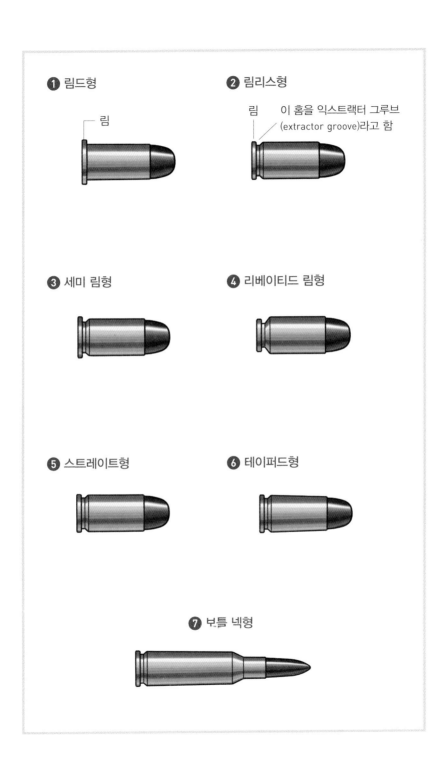

① 림드형

림

② 림리스형

림   이 홈을 익스트랙터 그루브
(extractor groove)라고 함

③ 세미 림형

④ 리베이티드 림형

⑤ 스트레이트형

⑥ 테이퍼드형

⑦ 보틀 넥형

뇌관의 구조

오늘날은 복서형이 주류

뇌관(primer)은 기폭약이 든 작은 용기로 동이나 황동으로 만들지만, 대부분 니켈로 도금해 은색을 띤다. 옛날에는 뇌홍(雷汞. 뇌산제2수은)을 기폭약으로 사용했지만 보존 중 자연 분해되고 고가이며, 총신 내부가 부식된다는 이유로 20세기 중반부터는 트리시네이트(tricinate)를 사용한다. 다만 순수 트리시네이트는 화염이 부족해 초산바륨을 첨가한다.

뇌관에는 발화를 돕는 발화금(發火金. anvil)이 있다. 오른쪽 그림 ❶과 같이 뇌관에 발화금이 장착된 것을 복서형 뇌관(boxer primer)이라고 한다. 반면 그림 ❷와 같이 뇌관을 삽입하는 공간(primer pocket) 중앙부의 돌기가 발화금을 대신하는 형태를 버든형 뇌관(berdan primer)이라고 한다.

버든형은 제2차 세계대전 이전에 유럽이나 일본에서 많이 사용했고, 오늘날에는 러시아나 중국이 군용탄으로 주로 사용한다. 복서형은 사격 후 빈 탄피에서 뇌관을 제거하고 새로운 뇌관을 장착해 재사용할 수 있다. 그래서 민간용으로 인기가 높고, 미국에서는 예전부터 군용탄도 복서형을 선호했다. 이런 미국의 영향으로 지금 일본이나 유럽의 군용탄도 복서형이 주류다. 복서형 뇌관은 바닥이 평평한 모양과 바닥이 둥근 모양이 있는데 성능 차이는 없고, 제조사에 따라 다를 뿐이다. 미국에서는 바닥이 둥근 모양을 생산하지 않는다.

❶ 복서형 뇌관

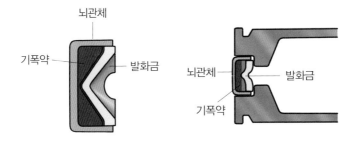

뇌관체
기폭약
발화금

뇌관체
발화금
기폭약

❷ 버든형 뇌관

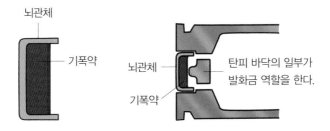

뇌관체
기폭약

뇌관체
기폭약
탄피 바닥의 일부가
발화금 역할을 한다.

❸ 바닥이 평평한 모양

❹ 바닥이 둥근 모양

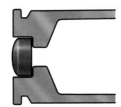

2-07 뇌관의 규격
규격이 같아도 권총용과 라이플용은 다르다

러시아나 중국의 군용 라이플탄 및 기관총탄 뇌관을 제외하면 오늘날 권총
용 뇌관은 미국 규격이 세계 표준이다. 따라서 독일 연방군이나 일본 자위
대의 권총탄는 물론이고 미국 민간용 리볼버 탄피도 규격은 모두 같다. 중
국이나 러시아도 지금은 미국 규격이 많아지고 있다.

뇌관의 규격은 오른쪽 아래 표와 같이 대(large)와 소(small)로 나눌 수
있다. 탄피의 직경이 굵으면 큰 뇌관을 사용하고, 가늘면 작은 뇌관을 사용
한다. 겉보기에는 라이플용과 권총용 뇌관의 크기가 거의 같아서 구별하기
힘들어 주의해야 한다.

권총용 뇌관은 라이플용 뇌관보다 얇아서 약한 타격에도 반응해 발화하
도록 제작한다. 왜냐하면 라이플에 비해 소형인 권총은 격침을 타격하는
용수철의 힘도 약하기 때문이다. 특히 브라우닝(Browning) M1910이나 글
록에서 볼 수 있는 스트라이커(striker) 방식은 격철 없이 격침에 바로 용수
철이 달려 있어서 타격력이 약하다.

그래서 권총용 탄피에 라이플용 뇌관을 사용하면 불발탄이 될 가능성이
크고, 반면 라이플용 탄피에 권총용 뇌관을 사용하면 뇌관에 구멍이 뚫리
는 일이 많다고 한다. 다만 필자가 직접 실험한 것이 아니기 때문에 구체적
인 데이터는 없다. 참고로 권총 탄약에도 500 S&W처럼 라이플탄만큼 강
력한 총은 라이플용 뇌관을 사용하기도 한다.

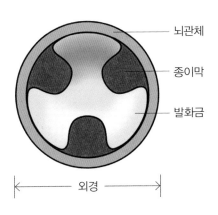

뇌관체

종이막

발화금

외경

뇌관체

발화금

기폭약

종이막

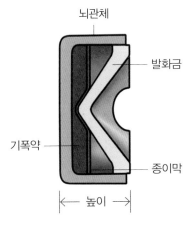

높이

뇌관의 크기(mm)

	외경	높이	뇌관 몸체 두께
권총용(소)	4.44~4.45	2.74~2.92	0.44~0.45
라이플용(소)	4.43~4.45	2.79~2.92	0.52~0.53
권총용(대)	5.35~5.36	2.79~2.92	0.52~0.53
라이플용(대)	5.34~5.35	2.92~3.12	0.62~0.68

라이플용 뇌관(소) 중에 군용은 두께가 0.61~0.62mm다.

2-08 발사약

흑색화약과 무연화약

흑색화약은 초산칼륨, 유황, 목탄 분말을 혼합한 물질이며 19세기 후반에 무연화약이 발명되기 전까지 발사약으로 사용했다. 흑색화약은 색이 검어서 붙여진 이름이지만 연기는 흰색이다. 몇 발 연속해서 쏘면 앞이 보이지 않을 정도로 흰 연기가 피어나고 그을음도 많이 생긴다. 사격 후 총신을 닦을 때는 기름 헝겊으로 어림없어 총신을 물통에 넣고 씻어야 할 정도다. 기관총이나 자동총에 흑색화약 실탄을 사용하면 그을음 때문에 총이 금방 고장 나고 만다. 총이 유황 성분 때문에 녹에도 취약하다.

이런 이유로 19세기 말 무연화약은 발명되자마자 순식간에 보급됐다. 오늘날 흑색화약은 취미로 클래식 총을 쏠 때 사용하는 정도이며 실제 발사약으로는 사용하지 않는다.

무연화약은 셀룰로스(cellulose), 즉 식물섬유(면이 대표적)를 초산으로 처리해 만든 나이트로셀룰로스(nitrocellulose)가 주성분이다. 면(綿)과 같은 섬유 형태의 나이트로셀룰로스를 용제(溶劑)로 녹인 후, 용제가 증발하면 플라스틱 형태의 무연화약이 된다. 화약 입자의 모양이나 크기는 어떤 총과 탄약에 사용할지에 따라 다양하다. 참고로 무연화약이라고 해서 연기가 없는 것은 아니다.(대포를 발사해 보면 무연이라고 말하기에 궁색할 정도)

흑색화약은 유황 성분 때문에 냄새가 자극적인데, 무연화약은 고약한 냄새가 없다. 사격할 때 살짝 나는 냄새는 뇌관의 화약 냄새다. 흑색화약과 비교해 위력적인 무연화약은 탄약의 소형화에도 이바지했다.

45 롱 콜트　　　　**45 ACP**

예전의 콜트 피스 메이커에 사용된 45 롱 콜트(Long Colt)는 흑색화약을 약 2.6g(40gr) 넣었기 때문에 탄피가 길다. 콜트 거버먼트에 사용한 45 ACP는 무연화약 0.32g(5gr)으로도 같은 위력을 낼 수 있어 탄피가 짧다.(만약 45 롱 콜트에 무연화약을 사용하면 발사 시 총이 부서진다.)

라이플용 발사약(왼쪽)은 연필심을 짧게 자른 듯한 원기둥 모양이 많고, 권총용 발사약(오른쪽)은 얇은 원판 모양이다.(예외도 많음)

2-09 탄환과 발사약의 관계
권총용 발사약과 라이플용 발사약은 다르다?

라이플탄, 예를 들어 5.56mm NATO, 30-06 등에 9mm 루거 같은 권총탄에 사용하는 발사약을 넣으면 총이 망가진다. 반대로 권총용 탄약에 라이플용 발사약을 넣으면 불완전 연소로 탄환은 얼마 날아가지 못한다. 이는 두 가지 발사약의 연소 특성이 다르기 때문이다. 1-06에서 설명한 바와 같이 권총탄은 라이플탄에 비해 무게 대비 직경이 크다. 즉 총구를 정면에서 봤을 때 면적당 탄환의 무게가 가볍다. 이를 '단면하중(斷面荷重)이 낮다.'라고 말한다.

45 ACP 권총탄(탄두 무게 14.6g)과 7.62mm NATO탄(탄두 무게 9.7g)을 비교하면 가벼운 7.62mm NATO탄이 45 ACP 권총탄보다 약 2배 단면하중이 높다. 단면하중이 낮은 탄환은 총신이 짧아도 가속이 잘된다. 반대로 원거리 사격이 중요한 라이플탄처럼 단면하중이 높으면 총신을 길게 제작해 천천히 가속해야 한다.

즉 권총용 발사약은 빨리 타고, 라이플용 발사약은 천천히 타야 한다. 물론 그 차이는 수천 분의 1초라는 극히 짧은 시간이기 때문에 사람이 쉽게 느낄 수 있는 정도는 아니다.

참고로 산탄총은 구경도 크고 산탄이 많이 들어 있어서 탄두도 무겁지만, 단면하중은 권총과 큰 차이가 없어 산탄총용 탄피에 권총용과 유사한 발사약이나 같은 발사약을 사용하기도 한다.

권총탄은 단면하중이 낮아서 연소 속도가 빠른 발사약에 짧은 총신을 사용한다.

라이플탄은 단면하중이 높아서 연소 속도가 느린 발사약에 긴 총신을 사용한다.

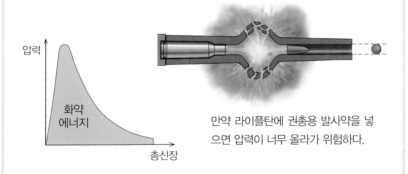

만약 라이플탄에 권총용 발사약을 넣으면 압력이 너무 올라가 위험하다.

만약 권총탄에 라이플용 발사약을 넣으면 불완전 연소로 총구는 화약을 뿜어내고 탄환은 얼마 날아가지 못한다.

2-10 상표에 따른 차이

같은 이름의 카트리지라도 탄두 무게나 속도가 다르다

콜트 거버먼트 권총에 사용한 45 ACP탄은 군용탄인 경우에는 탄두 무게가 230gr(15g)으로 정해져 있다. 그런데 이 탄약은 군대뿐만 아니라 민간에서도 폭넓게 사용되고 있어 제조사가 많다. 185gr(12g) 또는 165gr(11g), 소프트 포인트 또는 할로 포인트 등 다양한 무게와 모양의 탄두가 있어 발사약량이나 초속도 제조사에 따라 다소 다르다.

9mm 루거탄의 군용 탄두는 123gr(7.9g)이지만 시판용은 116gr(7.5g), 147gr(9.5g) 등 다양하며 당연히 발사약량이나 초속도 차이가 난다. 이는 38 스페셜, 357 매그넘 등 그 외 다양한 카트리지에도 해당한다. 다만 큰 차이를 보이지는 않고 기껏해야 10~20% 수준이다.

그럼 왜 45 ACP나 9mm 패러벨럼 등 이름을 붙여가며 탄두의 형태뿐만 아니라 무게나 화약량도 다른 탄약을 만드는 것일까? 그것은 다양한 총과 사용자의 요구를 반영하기 위해서다. 탄환이 가벼우면 반동이 적다. 그리고 탄환이 가벼우면 발사약을 조금 늘려도 안전하기에 이론상 다소 위력이 높아진다. 다만 탄환 무게를 줄여 속도를 높인다고 해서 반드시 관통력이 증가하는 것은 아니다.

반동이 적으면 쏘기 편하지만 자동 권총은 그 총만의 적절한 반동 강도가 필요하다. 탄약 속도나 반동의 차이는 탄착점의 차이로 나타나기 때문에 자신의 총에 맞는 탄약을 선택해야 한다.

콜트 M1911A1에 사용된 각종 45 ACP탄의 초속

제조원	탄두 종류	초속(m/s)
페더럴	185gr 풀 메탈	253
윈체스터	185gr 풀 메탈	245
레밍턴	185gr 할로 포인트(+P)	336
윈체스터	185gr 할로 포인트	289
페더럴	230gr 할로 포인트	279
윈체스터	230gr 할로 포인트	257
윈체스터	230gr 풀 메탈	251
풍산금속	230gr 할로 포인트	257

gr=그레인(1gr은 0.0648g) / (+P)는 파워업 모델

콜트 파이슨 6인치 총신에 사용된 각종 357 매그넘탄의 초속

제조원	탄두 종류	초속(m/s)
페더럴	180gr 할로 포인트	355
페더럴	158gr 할로 포인트	375
윈체스터	158gr 할로 포인트	369
윈체스터	125gr 할로 포인트	430
윈체스터	158gr 라운드 노즈	223
윈체스터	148gr 와드 커터	220
페더럴	148gr 와드 커터	221

와드 커터는 초속이 극단적으로 낮지만, 표적 사격 시의 정밀도만 생각한다면 위력은 크게 중요하지 않다.

독일 GECO사의 357 매그넘탄(158gr, 할로 포인트)으로 초속은 395m/s

2-11 탄약 호환성

357 매그넘 총으로 38 스페셜탄을 쏠 수 있다

탄약은 구경이 같아도 탄피의 크기와 모양이 다르면 같은 총에 사용할 수 없다. 예를 들어 7.62mm 토카레프탄과 7.62mm 나강탄은 탄피 모양이 전혀 다르기 때문에 호환성이 없다. 357 매그넘과 357 SIG도 탄피 모양이 다르다.

반면 45 롱 콜트와 45 스코필드(Schofield)는 탄피 길이만 다를 뿐 직경이 똑같다. 탄피가 긴 45 롱 콜트를 사용하는 콜트 피스 메이커에 탄피가 짧은 45 스코필드는 장전할 수 있고 발사도 가능하다. 하지만 짧은 탄피를 사용하는 스코필드 권총에 45 롱 콜트 실탄은 약실이 짧아서 장전할 수 없다.

요즘 총을 예로 들면 357 매그넘 권총으로 38 스페셜탄을 쏠 수 있다. 38 스페셜 이 외에 38이라는 이름이 붙는 리볼버의 실제 구경은 대개 0.357인치다. 탄피가 긴 357 매그넘용 권총에 탄피가 짧은 38 스페셜탄을 장전해 쏠 수 있는 것이다. 그러나 38 스페셜용 권총에 357 매그넘탄은 약실 깊이가 맞지 않아 사용할 수 없다.

주의해야 할 점은 357 매그넘 권총을 쏠 때 357 매그넘탄과 38 스페셜탄이 둘 다 있다면 357부터 쏴야 한다는 것이다. 44 매그넘과 44 스페셜도 마찬가지로 44 매그넘부터 쏴야 한다. 왜냐하면 짧은 탄피를 먼저 사용하면, 약실에 카본이 축적돼 긴 탄피의 실탄을 장전하려고 해도 잘 장전되지 않을 수 있기 때문이다.

7.62mm 토카레프

7.62mm 나강

357 SIG

357 매그넘

리볼버에는 탄피가 짧더라도 약실이 길면 사용할 수 있다.

원래는 안으로 더 깊이 들어가겠지만, 림이 익스트랙터에 잘 걸려 있다.

자동총의 경우, 탄피가 긴 9mm 루거용 약실에 9mm 쇼트는 너무 깊이 들어가 격침이 닿지 않는다.

그러나 잘하면 익스트랙터에 걸려서 격침이 뇌관을 타격하기도 한다.

2-12 이름은 다르지만 같은 탄약?
7.63mm 마우저와 7.62mm 토카레프

7.63mm 마우저탄과 7.62mm 토카레프탄은 같은 탄약이다. 구경이 다른 것 같지만 마우저는 강선의 강선홈(groove) 사이즈고, 토카레프는 강선등 (bore) 사이즈이기 때문에 실제 탄환 직경은 동일하다. 탄피의 치수와 모양 이 똑같기 때문에 토카레프로 마우저탄을 쏠 수 있고, 그 반대도 가능하다. 토카레프탄은 러시아가 구소련 시절에 마우저탄을 멋대로 베껴 만든 것 이다.

그러나 둘은 완전히 같지 않다. 토카레프탄이 다소 강력하며(특히 중국군 용 토카레프탄은 러시아제보다 더 위력적이다.) 마우저탄이 황동 탄피에 동으 로 만든 탄환 재킷을 쓰는 반면 토카레프탄은 황동 탄피에 철을 많이 쓴 탄 환 재킷을 사용한다.(황동 탄피에 동 재킷인 토카레프 실탄도 있음) 다만 이런 차이는 9mm 루거탄도 마찬가지이지만, 시대나 제조 공장에 따라 달라지는 것이기 때문에 마우저탄과 토카레프탄이 서로 다르다고 말할 수는 없다.

마우저 권총이 지금은 귀중한 골동품이기 때문에 철 재킷인 토카레프탄 을 마우저에 사용해 총신 수명을 줄일 이유가 없지만, 실제로 사용상 문제 는 없다. 같은 탄약이 여러 이름으로 불리는 경우는 드문 일이 아니다. 예 를 들어 아래와 같다.

25 오토=25 ACP=6.35mm 브라우닝

30 루거=7.65mm 루거=7.65mm 패러벨럼

9mm 루거=9mm 패러벨럼

32 오토=32 ACP=7.65mm 브라우닝

380 ACP=9mm 쇼트=9mm 브라우닝=9mm 쿠르츠(Kurz)

토카레프(왼쪽)와 마우저(오른쪽). 가운데 있는 것은 7.62mm 토카레프탄.

마우저 C96과 7.63mm 마우저탄. 마우저 C96은 이미 단종됐기 때문에 소중히 다뤄야 한다.

마우저 권총탄은 토카레프탄보다 반동이 약해서 토카레프에 마우저탄을 사용하면 간혹 잼(3-16 참고) 현상이 일어난다.

2-13 핸드 로드
탄피를 재사용하면 경제적이다

'탄약 가격의 절반은 탄피 가격'이라는 말이 있다. 탄피는 동과 아연의 합금이라 원재료비가 높을 뿐만 아니라 성형도 쉽지 않다. 한 번 사용한 빈 탄피를 새 뇌관과 발사약, 탄두로 조립해 다시 사용하는 일을 리로드(reload) 또는 핸드 로드(hand load)라고 한다. 비용을 아낄 수 있어서 경기 연습 등으로 사격을 많이 하는 사람은 대부분 핸드 로드를 한다.

비용적인 측면뿐만 아니라 라이플탄은 노하우를 가지고 정밀한 핸드 로드를 하면 공장에서 찍어내는 실탄보다 명중률을 높일 수 있다. 그러나 권총탄은 핸드 로드를 한다고 명중률이 크게 향상되지는 않는다. 또 센터 파이어 복서형 뇌관을 사용하는 실탄으로만 핸드 로드가 가능하고, 버든형이나 림 파이어 실탄은 핸드 로드가 애초에 불가능하다.

한편 발사약은 종류가 매우 다양해서 실탄의 종류나 탄두 무게에 따라 적절한 발사약 종류와 양을 정해야 한다. 이는 탄두 제조사가 판매하는 데이터 북을 참고하면 된다. 발사약의 종류가 틀리면 사격 시 위험할 정도로 압력이 높아져 최악에는 총이 망가진다. 반대로 전혀 위력이 없는 탄약(불완전 연소한 화약이 총구에서 뿜어져 나옴)이 되기도 한다.

탄피 재사용이 몇 번이나 가능할지는 총이나 실탄의 종류에 따라 다르며, 같은 탄피라고 해도 하나하나가 모두 다르기에 일괄적으로 말하기는 어렵다. 다만 일반적으로 수십 번 정도는 사용할 수 있다. 금이 생기거나 뇌관 장착이 잘되지 않는 경우는 수명을 다했다고 봐야 한다.

리로드 다이(die. 틀) 세트. 오래된 뇌관을 제거하고 탄피를 교정하는 리사이징 (resizing) 다이(❶), 탄두 부착을 원활히 하기 위해 탄피 입구를 벌려주는 익스 팬딩(expanding) 다이(❷), 탄피에 탄두를 장착하고 조일 때 사용하는 불릿 시 팅(bullet seating) 다이(❸), 탄피를 고정하는 쉘 볼터(shell bolter)(❹). 이것들을 이용해 아래 사진처럼 프레스로 작업한다.

탄피에 탄두를 장착하는 모습. 우측에 보이는 검은 볼이 달린 레버를 잡아당기 면 탄피가 다이 속으로 박힌다.

2-14 발사약 선택
적합한 발사약이란?

2-09에서 설명한 바와 같이 탄두별로 발사약의 적절한 연소 속도가 있다. 핸드 로드를 할 때는 이를 주의해야 한다. 물론 9mm 루거 탄피에 극단적인 연소 속도 차이를 보이는 30-06 라이플탄의 발사약을 사용하는 것은 논외지만, 9mm 탄두에도 가벼운 발사약(88gr)부터 무거운 발사약(125gr)까지 그 종류는 다양하다. 그래서 9mm 루거에 사용하는 발사약은 오른쪽 표와 같이 'BLUE DOT' 'BULLSEYE' '800X' 'HP38' '473AA' 등 선택의 폭이 매우 큰 편이다.

이들은 각각 연소 속도에 미세한 차이를 보인다. 중량탄에 연소 속도가 빠른 발사약을 사용하면 위력에 비해 압력이 커서 총에 부담(수명 단축)이 생기고, 반대로 경량탄에 발사 속도가 느린 발사약을 사용하면 불완전 연소로 인해 총구에서 큰 불꽃이 일어나고 위력이 약해진다. 이는 쓸데없이 화약을 소모하는 꼴이다. 탄두 무게에 적절한 발사약을 선택해야 한다.

탄두 모양도 앞서 살펴본 바와 같이 풀 메탈, 할로 포인트, 소프트 포인트, 라운드 노즈 등 매우 다양하다. 자동 권총은 그 권총이 가장 잘 작동하는 탄두 모양과 반동의 세기가 있다. 또 운동에너지가 같더라도 무거운 탄환을 저속으로 발사하거나 가벼운 탄환을 고속으로 발사할 수도 있다. 손에 전달되는 반동과 탄착점, 명중률 등이 다 다르다. 그래서 여러 가지 탄두와 발사약을 조합해서 쏴보고, 자신의 총과 손에 가장 잘 맞는 조합을 찾아내는 것이 좋다.

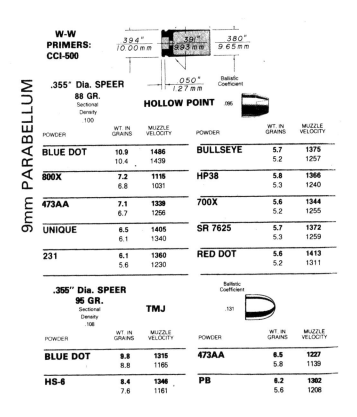

9mm PARABELLUM

W-W PRIMERS: CCI-500

.355″ Dia. SPEER
88 GR.
Sectional Density .100

HOLLOW POINT   .095

Ballistic Coefficient

.394″ / 10.00mm   .391″ / 9.93mm   .380″ / 9.65mm   .050″ / 1.27mm

POWDER	WT. IN GRAINS	MUZZLE VELOCITY	POWDER	WT. IN GRAINS	MUZZLE VELOCITY
BLUE DOT	**10.9**	**1486**	**BULLSEYE**	**5.7**	**1375**
	10.4	1439		5.2	1257
800X	**7.2**	**1115**	**HP38**	**5.8**	**1366**
	6.8	1031		5.3	1240
473AA	**7.1**	**1339**	**700X**	**5.6**	**1344**
	6.7	1256		5.2	1255
UNIQUE	**6.5**	**1405**	**SR 7625**	**5.7**	**1372**
	6.1	1340		5.3	1259
231	**6.1**	**1360**	**RED DOT**	**5.6**	**1413**
	5.6	1230		5.2	1311

.355″ Dia. SPEER
95 GR.
Sectional Density .108

TMJ

Ballistic Coefficient   .131

POWDER	WT. IN GRAINS	MUZZLE VELOCITY	POWDER	WT. IN GRAINS	MUZZLE VELOCITY
BLUE DOT	**9.8**	**1315**	**473AA**	**6.5**	**1227**
	8.8	1165		5.8	1139
HS-6	**8.4**	**1346**	**PB**	**6.2**	**1302**
	7.6	1161		5.6	1208

각 제조사는 리로드하는 사람들을 위해 위와 같은 데이터 북을 발매한다. 위 그림은 스피어(Speer)사의 데이터 북 중 일부로, 9mm 루거에 대해서만 4쪽에 걸쳐 탄두별 사용 가능한 발사약 종류와 양을 기술하고 있다. 이 표에는 발사약량이 두 가지인데, 굵은 글씨는 '이 이상은 비추천'(곧바로 총이 부서지지는 않지만)을 의미한다. 적은 발사약을 사용해서 높은 초속을 구현할 수 있는 조합을 찾는 것이 중요하다. 출처: Reloading Manual(스피어사. http://www.speer-bullets.com/)

2-15 탄약의 안정성
실탄을 떨어뜨리거나 불 속에 넣으면 어떻게 될까?

발사약은 불을 붙이지 않는 한 충격만으로 발화하지 않는다. 그래서 실탄을 아무리 높은 곳에서 떨어뜨려도 지면과 부딪치는 충격으로 폭발하는 일은 없다.

뇌관 속 기폭약은 매우 민감하지만, 낙하 충격만으로 발화하지 않는다. 다시 말해 뇌관이 찌그러지는 수준의 타격이 없으면 발화하지 않는다. 실탄은 탄두 부분이 무거워서 떨어질 때 앞쪽부터 낙하한다. 뇌관 부분이 밑으로 향해서 떨어지는 경우는 일반적으로 없다. 게다가 실탄이 떨어질 때 마침 지면에 어떠한 돌기가 있어 직경 4~5mm의 뇌관이 거기에 정확히 떨어진다는 것은 산책 중에 머리로 운석이 날아와 떨어지는 확률보다 낮을 것이다. 만일 발화하더라도 총신 내부가 아니라면 실탄은 화약이 연소할 사이도 없이 탄두가 빠져버리기 때문에 사람에게 치명상을 줄 정도의 위력을 내지 못한다.

실탄을 불 속에 넣어도 마찬가지다. 불길이 어느 정도인지에 따라 차이는 있지만 대개 수십 초에서 수 분에 걸쳐 발화한다. 총신 내부가 아닌 곳에서 실탄이 발화해도 큰 위력은 없다. 발사약이 불완전하게 연소해 그냥 탄두가 빠지거나 탄피가 쪼개진다. 탄피가 불꽃놀이를 하듯이 튀어 오르기는 해도 뇌관이 빠져버리기 때문에 압력이 크지 않아 대부분 위력적이지 않다.

오른쪽 그림을 보자. 실탄이 발화했을 때 탄두가 나무판을 뚫는지 알아

보기 위해 약실처럼 구멍이 난 목재에 라이플탄을 삽입하고 밑에서 불을 붙였다. 위에는 나무판이 놓여 있다. 실험 결과, 탄두는 나무판에 작은 자국을 남길 뿐이었다. 탄피는 반작용으로 목재에서 살짝 빠져나온 정도였고, 뇌관은 제법 기세 좋게 탄피에서 날아올랐다.

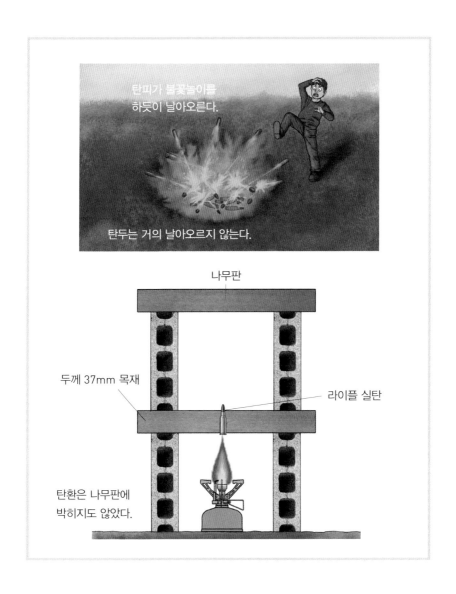

탄피가 불꽃놀이를 하듯이 날아오른다.

탄두는 거의 날아오르지 않는다.

나무판

두께 37mm 목재

라이플 실탄

탄환은 나무판에 박히지도 않았다.

탄약의 사용 기한

무연화약은 시간이 흐르면 분해된다

흑색화약은 몇백 년이 지나도 변질하지 않는다. 그러나 무연화약은 자연 분해하는 성질이 있다. 백여 년 전 무연화약이 발명됐을 당시에는 자연 발화 사고가 종종 있었다. 군함이 폭침된 경우도 몇 건 있었다. 지금은 품질 관리 기술이 좋아져 몇십 년간 보존해도 자연 발화하지 않는다. 하지만 자연 발화가 없을 뿐 변질한다는 사실은 그대로다. 필자는 제2차 세계대전 당시 만들어진 탄약을 1990년대에 쏴봤고, 21세기에도 쏴본 경험이 있는데 대부분 불발탄이었다. 탄환이 발사되더라도 폭발음이 이상했다.

그럼 탄약의 유효기간은 얼마나 될까? 이는 제조사의 기술력이나 보관 환경에 따라 달라서 일괄적으로 말할 수는 없다. 온도가 관리되는 지하 탄약고에 보관하는 것과 외부 기온에 그대로 노출되는 지상 창고에 보관하는 것은 큰 차이가 있다.

탄약은 식품과는 달리 유통기한과 같은 규정이 없다. 그저 '이번에 나온 제품은 10년이나 20년 정도는 괜찮을 거야. 저격용이라면 5년 이내에 사용하는 게 좋겠어.'와 같은 식으로 생각할 뿐이다.

군대 조직에서는 같은 연도 같은 공장에서 만든 제품을 샘플 검사한다. 화약의 변질 여부는 탄약을 분해해 발사약을 시험관에 넣고 파란 리트머스 시험지로 확인한다. 다만 탄약의 실제 성능은 사격해서 초속을 측정하는 수밖에 없다. 참고로 신품의 기준과 얼마나 차이가 나는지를 알면 탄착점 변화를 예측할 수 있다.

수십 년 지난 30-06 라이플탄이지만, M1 라이플에서 작동하는 데 문제가 없었다.

고무마개

유리 원통

파란 리트머스 시험지

시료(오래된 발사약)

발사약의 열화 상태를 알아보는 유리산(遊離酸) 시험. 6시간 이내에 파란 리트머스 시험지가 빨갛게 변하면 불합격.

2-17 탄피 헤드 스탬프

탄약의 정보가 기재돼 있다

탄피 바닥에는 문자나 기호가 새겨져 있다. 탄피는 바닥이 머리에 해당하기 때문에 헤드 스탬프(head stamp)라고 한다. 헤드 스탬프는 제조처와 탄약의 특징을 알 수 있는 정보가 적혀 있지만 특정한 규칙은 없다. 세계 공통도 아니다. 그래서 헤드 스탬프 관련 내용으로 책 한 권을 쓸 수 있을 정도다. 여기서는 몇 가지 사례를 소개하겠다.

오른쪽 사진의 a는 원체스터의 9mm 루거 실탄이다. W-W 표시는 원체스터 웨스턴이라는 의미다. 옛날에 웨스턴 탄약회사가 원체스터 산하에서 탄약을 만들면서 W를 2개 넣었다.

b는 일본 자위대의 9mm 루거 실탄으로 9mm, 루거나 패러벨럼 등의 명칭이 표시돼 있지 않다. 왜냐하면 일본 자위대가 9mm 마카로프나 9mm 쇼트를 사용할 리가 없기 때문에 구별할 필요가 없기 때문이다. 이는 다른 나라도 군용이라면 비슷하다. J는 일본, AO는 제조사인 아사히세이키 공업의 옛 명칭인 아사히오쿠마 공업의 약자다. W는 자위대용 탄약이라는 의미의 기호이며 90은 제조 연도다.

c는 미군용 9mm 루거 실탄이다. 이 또한 9mm나 루거라고 적혀 있지 않다. WCC는 원체스터가 미군용으로 제조했다는 기호이고, 90은 제조 연도다. ⊕는 NATO 규정으로 만들었다는 의미다.(하지만 ⊕ 기호가 있다고 모두 NATO 규정인 것은 아님)

d는 군용에도 9MM이라고 적혀 있으며, 캐나다의 도미니언 카트리지

(Dominion Cartridge)사의 제품으로 1944년에 만들어진 것이다.

　e는 윈체스터 38 스페셜이고, f는 정밀도가 높다고 정평이 나 있는 핀란드 라푸아(Lapua)사의 38 스페셜이다. 미국에서 수요가 높은 실탄은 이처럼 다른 나라에서 만들어 수출하는 사례가 많다. g는 필리핀의 38 스페셜(Arms Corporation of the Philippines 제삭)이고, h는 캐나다군용으로 공급되는 38 스페셜로 1967년에 제조한 것이다.

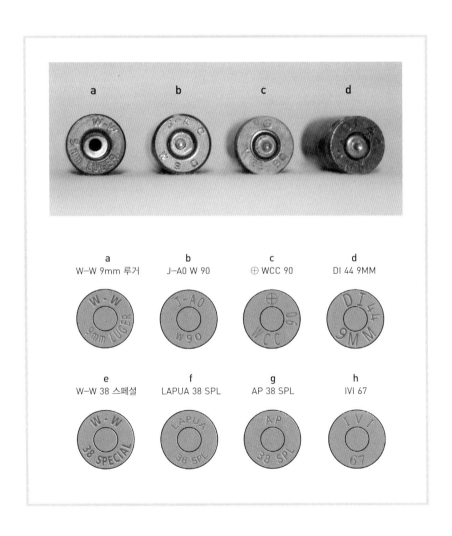

관통력이란 무엇인가?

관통력이 높다고 위력이 있는 것은 아니지만, 탄약별로 관통력에 차이가 얼마나 나는지 궁금한 것은 사실이다. 여기서는 대표적인 권총탄의 송판 관통력을 살펴보겠다. 송판까지의 거리는 9m다. 아래 표를 살펴보면 속도가 관통력의 중요한 요인으로 보인다. 그리고 할로 포인트나 소프트 포인트처럼 찌그러지기 쉬운 탄환에 비해 변형이 잘 안 되는 풀 메탈의 관통력이 좋다는 사실을 알 수 있다.

여러 권총탄의 송판(두께 19mm) 관통력

탄약 명칭	탄두	초속(m/s)	관통 송판 개수
22 윈체스터 매그넘 림 파이어	40gr 할로 포인트	401	4
	40gr 풀 메탈	411	6
357 매그넘	90gr 할로 포인트	461	7
	110gr 할로 포인트	416	5
	158gr 할로 포인트	374	6
	140gr 할로 포인트	420	5
41 매그넘	210gr 할로 포인트	416	9
	210gr 캐스트	301	6
	210gr 소프트 포인트	404	9
44 매그넘	200gr 할로 포인트	439	6
	240gr 할로 포인트	413	7
	240gr 소프트 포인트	414	8
	240gr 세미 와드 커터	298	6
44 오토 매그넘	240gr 소프트 포인트	415	10
	240gr 할로 포인트	323	10
45 ACP	230gr 풀 메탈	260	6
M1 카빈	110gr 풀 메탈	580	14

제3장

권총의 메커니즘

3-01 블로백과 쇼트 리코일
구조가 간단한 블로백 방식

자동총은 탄환 발사 시 발생하는 화약의 연소 가스가 에너지원이다. 탄환을 발사하면 화약의 연소 가스가 탄피를 뒤로 밀어내는데, 이때 슬라이드도 함께 밀려난다. 이런 구조를 블로백(blowback)이라고 하며, 자동총 구조중 가장 간단한 방식이다.

총신이 긴 총이나 화약량이 많고 강력한 실탄을 사용하면 탄환이 총신에 머물러 있는 상태에서 슬라이드가 후퇴하며, 고압 고열의 화약 가스가 분출하기 때문에 위험하다. 그래서 다소 강력한 총은 총신과 슬라이드가 맞물리는 장치를 설치해서 총신을 슬라이드와 함께 후퇴시키고, 탄환이 총신을 벗어날 때 맞물리는 장치를 해제하는 구조다. 이런 방식은 총신이 다소 뒤로 후퇴하기 때문에 쇼트 리코일(short recoil)이라고 한다.

총신의 후퇴 거리가 긴 롱 리코일 구조도 있지만, 아무래도 소형인 권총은 해당 사항이 아니다. 구식 기관총이나 산탄총에 이런 구조가 있었지만, 요즘에는 그런 제품을 찾아볼 수 없다. 쇼트 리코일 방식은 총신이 움직이기 때문에 이론상 명중률이 떨어진다고 알려져 있다.(그래서 거의 사용하지 않는 방식) 하지만 권총이라면 그렇게 신경 쓸 수준은 아니다. 물론 블로백 방식의 소형 권총은 총신이 짧아서 실제로 쇼트 리코일 방식보다 명중률이 떨어진다. 블로백 방식 권총은 380 ACP(0.23g 화약으로 7.45g짜리 탄두를 280m/s로 발사)가 한계이며, 9mm 루거(0.42g 화약으로 7.45g짜리 탄환을 390m/s로 발사)라면 쇼트 리코일 방식에 쓴다.

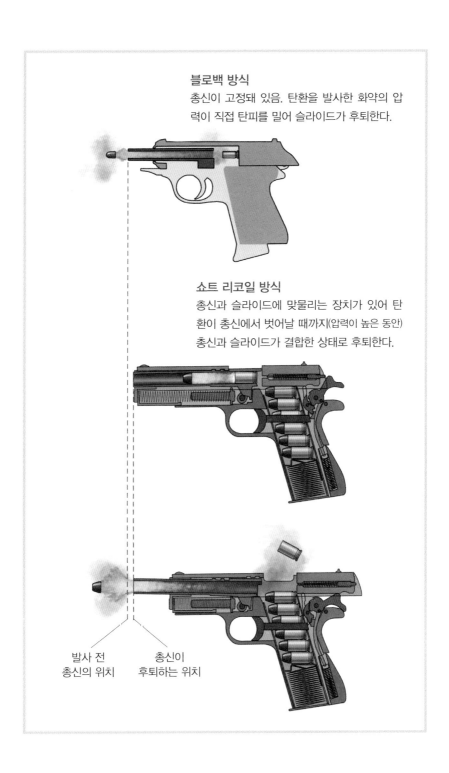

블로백 방식
총신이 고정돼 있음. 탄환을 발사한 화약의 압력이 직접 탄피를 밀어 슬라이드가 후퇴한다.

쇼트 리코일 방식
총신과 슬라이드에 맞물리는 장치가 있어 탄환이 총신에서 벗어날 때까지(압력이 높은 동안) 총신과 슬라이드가 결합한 상태로 후퇴한다.

발사 전
총신의 위치

총신이
후퇴하는 위치

3-02 다양한 쇼트 리코일 방식
불 펍과 로터리 배럴 방식의 구조 차이

3-01의 그림에서 살펴본 쇼트 리코일 방식은 대부분 총신 뒷부분이 아래로 젖혀지면서 잠금이 해제되도록 설계한 틸트 배럴(tilt barrel) 방식을 따른다. 대표적인 총은 콜트 거버먼트다. 이 방식은 탄환이 발사될 때 총신이 위를 향하기 때문에 싫어하는 사람도 있어 다른 결합 방식을 따르는 총도 많다.

오른쪽 위 그림은 발터 P38이나 베레타(Beretta) 92 등에서 찾아볼 수 있는 불 펍(bull pup) 방식이다. 총신 아래의 로킹 블록(locking block)이라는 부품과 슬라이드 안의 홈이 맞물려 있다. 이 결합은 탄환이 발사되는 힘으로 슬라이드가 후퇴하면, 로킹 블록이 아래로 밀려나서 풀리는 구조다.

아래 그림은 로터리 배럴(rotary barrel) 방식으로 총신 위의 돌기가 슬라이드와 맞물려 결합해 있다. 총신 아래에는 또 다른 돌기가 비스듬한 홈에 걸려 있는데, 이 장치가 발사 시 총신을 회전시켜 슬라이드와 총신의 결합을 해제한다. 이후 슬라이드만 후퇴한다. 베레타 8000이나 중국의 92식 권총이 이런 방식이다.

불 펍 방식이나 로터리 배럴 방식은 총신이 기울지 않기 때문에 명중률이 높다고 생각하는 사람이 많다. 하지만 틸트 배럴 방식인 SIG226을 불펍 방식인 베레타 92나 발터 P38, 로터리 배럴 방식인 베레타 8000이나 92식 권총과 비교해도 명중률이 떨어진다고 느낄 수는 없었다. 총을 기계에 고정해 쏜다면 어떨지 모르겠지만 말이다.

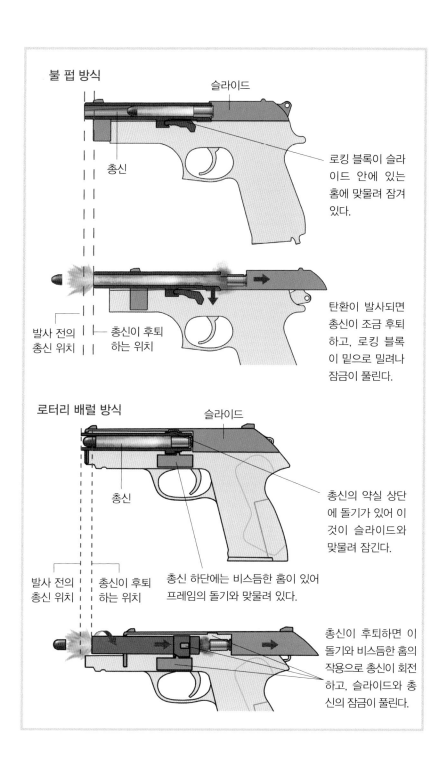

불 펍 방식

슬라이드

총신

로킹 블록이 슬라이드 안에 있는 홈에 맞물려 잠겨 있다.

발사 전의
총신 위치

총신이 후퇴
하는 위치

탄환이 발사되면 총신이 조금 후퇴하고, 로킹 블록이 밑으로 밀려나 잠금이 풀린다.

로터리 배럴 방식

슬라이드

총신

총신의 약실 상단에 돌기가 있어 이것이 슬라이드와 맞물려 잠긴다.

발사 전의
총신 위치

총신이 후퇴
하는 위치

총신 하단에는 비스듬한 홈이 있어 프레임의 돌기와 맞물려 있다.

총신이 후퇴하면 이 돌기와 비스듬한 홈의 작용으로 총신이 회전하고, 슬라이드와 총신의 잠금이 풀린다.

3-03 딜레이드 블로백

슬라이드 후퇴를 지연하는 방법

쇼트 리코일 방식은 총신이 움직인다는 이유로 싫어하는 사람이 꽤 있다. 명중률에 문제를 일으킬만한 수준은 아니지만, 사람들은 일반적으로 단단히 고정된 총신을 선호한다. 그래서 총신을 움직이지 않고 슬라이드 후퇴를 지연하는 방식도 있다.

가장 간단한 방식은 중국의 77식 권총에서 찾아볼 수 있다. 탄피를 부풀리는 탄피 팽창 방식이다. 오른쪽 그림처럼 약실 벽에 공간이 있어 발사 시 탄피가 팽창하면, 이 공간에 걸린다. 강력한 화약 가스의 압력은 팽창된 탄피를 뒤로 밀고, 이때 슬라이드도 후퇴한다. 약실 벽 공간과 탄피의 팽창이 만든 한순간의 저항만으로도 슬라이드 후퇴를 지연하는 효과가 있다. 다만 이 방식은 9mm 루거급 이상의 강력한 실탄에는 사용하기가 어렵다.

독일의 H&K(Heckler & Koch)사의 P7이나 오스트리아의 슈타이어(Steyr) GB 등에 쓰는 가스 록(gas lock) 방식도 있다. 약실 앞에 작은 구멍이 있어서 화약 연소 가스를 이용해 슬라이드를 전방으로 밀어 슬라이드의 후퇴를 일순간 지체시킨다. 또 H&K의 P9는 서브 머신건인 MP5나 라이플인 G3에 적용한 롤러 로킹(roller locking) 방식을 쓴다.

이 외에도 다양한 방식이 있지만 결국 쇼트 리코일 방식의 자리를 빼앗지는 못했다. 신제품 대다수도 역시 쇼트 리코일 방식이다. 총신의 움직임 여부가 명중률에 큰 영향을 미치지 않기 때문에 권총을 선택하는 요소로 크게 작용하지 않는 것이다.

탄피 팽창 방식

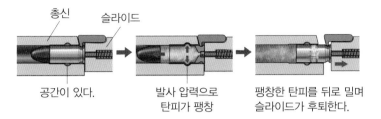

총신   슬라이드

공간이 있다.   발사 압력으로   팽창한 탄피를 뒤로 밀며
                탄피가 팽창   슬라이드가 후퇴한다.

가스 록 방식

화약의 연소 가스 일부를 흡입
해 슬라이드를 앞으로 누른다.

롤러 로킹 방식

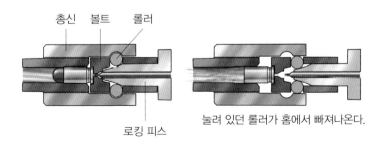

총신   볼트   롤러

로킹 피스   눌려 있던 롤러가 홈에서 빠져나온다.

3-04 가스 이용 방식
라이플에는 많지만 권총에는 흔하지 않다

대다수 자동 권총은 블로백 또는 쇼트 리코일 방식을 쓴다. 그런데 극히 예외적이지만 윌디(Wildey)나 데저트 이글(Desert Eagle) 같이 가스 이용 방식 권총도 있다. 라이플은 대부분 가스 이용 방식이고, 쇼트 리코일 방식이 예외적인 것과 대조적이다. 물론 22 림 파이어 같은 소형 탄약을 사용할 때는 권총뿐만 아니라 라이플도 블로백 방식을 사용한다. 그래도 라이플에 쇼트 리코일 방식을 쓰는 일은 거의 없다.(예전에는 있었음)

어째서 라이플은 가스 이용 방식이 많고 권총은 쇼트 리코일 방식이 많을까? 왜냐하면 작은 총에는 복잡한 가스 이용 방식을 장착하는 일 자체가 거의 불가능하기 때문이다. 이에 비해 쇼트 리코일 방식은 소형으로 제작할 수 있다. 그리고 쇼트 리코일 방식은 총신이 움직이기 때문에 라이플에는 적합하지 않다. 참고로 윌디나 데저트 이글은 M1 카빈만큼이나 무거워서 가스 이용 방식이 가능하다.

가스 이용 방식은 반동이 거칠지 않아 총을 쏘기에 편안하다. 탄환의 운동에너지가 같다면 가스 이용 방식과 쇼트 리코일 방식은 계산상 반동 에너지도 같겠지만, 가스 이용 방식은 뭔가 쿠션감이 있는 반동이다. 데저트 이글의 50AE급 실탄을 사용하는 리볼버에 비해 신기할 정도로 쏘기 편하다. 윌디와 데저트 이글은 M16이나 89식 소총에서 찾아볼 수 있는 회전 개폐식 볼트지만, 윌디는 그다지 인기가 많지 않아 현재 찾아볼 수 없다.

윌디

가스 포트(gas port)에서 분출하는 가스가 피스톤을 밀고 피스톤은 슬라이드를 후퇴시킨다.

슬라이드 안에 있는 가스가 볼트를 회전시킨다.

가스 레귤레이터
가스양을 조절할 수 있다.

가스 포트
구멍이 6개 있다.

데저트 이글

약실

회전 볼트

피스톤

데저트 이글은 약실의 작은 구멍에서 흘러나온 가스가 총구 근처까지 돌고 난 뒤, 피스톤을 작동시킨다. 피스톤이 슬라이드를 뒤로 밀고 슬라이드가 회전 볼트를 돌린다.

라이플에 주로 사용하는 회전 볼트를 장착한 데저트 이글의 모습

3-05 이젝터와 익스트랙터

탄피를 밀어내고 끄집어낸다

이젝터(ejector)는 탄피를 밀어내는 역할을 하는 부품이다. 콜트 피스 메이커와 같은 구형 총은 가느다란 봉처럼 생긴 탄피 배출봉으로 한 발 한 발 탄피를 제거했다. 중절식 단발총이나 데린저와 같은 2연발총도 비슷하다. 총신의 옆에 있는 판 모양의 탄피 축출 레버로 탄피를 제거했다. 스윙 아웃 방식의 리볼버는 오른쪽 사진처럼 실린더 속의 탄피를 한 번에 밀어 뺄 수 있다.

익스트랙터는 자동 권총의 약실에서 탄피를 빼내는 역할을 하는 갈퀴 모양의 부품이다. 익스트랙터가 탄피를 끄집어내면, 탄피 바닥이 이젝터에 부딪히면서 탄피가 총 밖으로 배출된다.

자동총을 설계할 때는 익스트랙터와 이젝터의 위치 관계가 중요하다. 초기 자동 권총은 위에 익스트랙터를 두고, 아래에 이젝터를 둬서 탄피를 위로 배출하는 방식이 많았다. 이런 위치 조합은 설계가 간단하지만, 탄피가 총을 쏘는 자신을 향해 날아오기 쉽다. 오늘날 권총은 대부분 오른쪽으로 탄피가 배출(발터 P-38은 왼쪽)되도록 설계한다. 이처럼 총을 설계할 때는 슬라이드의 배출구에서 탄피가 잘 배출되도록 이젝터와 익스트랙터의 위치 관계를 세심히 고려해야 한다.

발사가 끝난 빈 탄피에는 격침 흔적 이외에 익스트랙터나 이젝터가 만든 자국이 남는다. 만약 범죄에 총이 사용되었을 때 현장에 빈 탄피가 남아 있다면, 범행에 사용한 총의 종류를 알아내는 데 도움이 된다.

이젝터 로드(ejector rod)를 눌러서 탄피를 제거

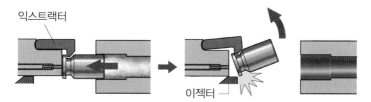

익스트랙터

이젝터

익스트랙터가 탄피를 끄집어낸다.

탄피는 이젝터에 부딪혀 총 밖으로 배출된다.

이젝터

익스트랙터

자동 권총의 익스트랙터와 이젝터

3-06 섬 세이프티
안전장치를 걸어두면 안전할까?

대부분 총에는 총을 쥔 상태에서 엄지손가락으로 조작하는 섬 세이프티 (thumb safety)라는 안전장치가 있다. 방아쇠를 고정시켜 당겨도 탄환이 발 사되지 않는 구조다.

필자는 이런 것을 안전장치라고 부르는 것 자체에 문제가 있다고 생각 한다. 왜냐하면 총을 떨어뜨리거나 어딘가 부딪치는 충격으로 안전장치가 풀리는 경우가 종종 있기 때문이다. 명칭이 안전장치라서 걸어두기만 하면 안전하다고 착각해서 생기는 사고다. 안전장치 대신 방아쇠 잠금장치 또는 그 구조나 기능에 맞는 이름으로 바꿔야 한다.

기본적으로 쏠 의사가 있어서 방아쇠에 손가락을 넣는 것인데 굳이 방 아쇠를 잠그는 기능이 필요하냐는 근본적인 지적도 있다. 그래서 최근에는 SIG 시리즈나 글록처럼 섬 세이프티가 없는 총도 늘고 있는 추세다. '그래 도 총인데 안전장치가 없어도 될까?'라고 불안해하는 마음이 드는 것은 안 전장치라는 말에 현혹됐기 때문이다. SIG나 글록처럼 안전장치가 없는 총 이 구식 브라우닝 M1910이나 14년식에 안전장치를 장착하는 것보다 사 고 위험이 훨씬 적다고 생각한다.

그럼에 불구하고 '정말로 방아쇠를 고정하는 장치는 필요 없는가?'라고 묻는다면 조금은 불안하다. 풀이나 넝쿨이 많은 곳에서 움직이다 보면 초 목의 가지에 방아쇠가 걸릴 가능성도 있기 때문이다. 홀스터(holster. 총집) 가죽끈에 총이 걸려 오발 사고가 났다는 예도 있다.

섬 세이프티. 이것을 밀어 올리면 방아쇠가 움직이지 않는다.

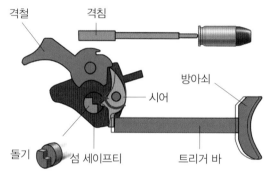

격철 격침

방아쇠

시어

돌기 섬 세이프티 트리거 바

섬 세이프티를 걸지 않은 상태에서 방아쇠를 당기면, 시어가 움직여 격철을 지탱할 수 없다. 이 때문에 격철이 쓰러진다.

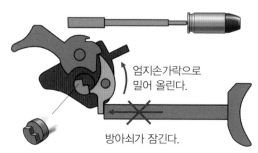

엄지손가락으로 밀어 올린다.

방아쇠가 잠긴다.

섬 세이프티를 건 상태에서 방아쇠를 당기면, 섬 세이프티 축의 돌기로 인해 방아쇠가 잠기고 시어는 움직이지 않는다. 이 때문에 격철이 쓰러지지 않는다.

3-07 격철과 오발 방지 구조
격철을 타격해도 방아쇠를 당기지 않으면 발사되지 않는다

오른쪽 그림 1과 같이 운이 나빠 격철 방향으로 총을 떨어뜨리거나 부딪쳤을 때 격철(격침)이 뇌관을 때려서 탄환이 발사된다. 오발 사고다. 다행히도 대부분 권총에는 하프 콕(half cock)이라는 기능이 있어 격철을 조금만 젖혀둘 수 있다. 이렇게 해두면 격철이 어딘가에 부딪히더라도 격철이 뇌관을 타격하지 않는다. 하지만 매우 강하게 부딪히면 하프 콕이 부러지거나 미끄러져 오발 사고를 일으킬 수 있다. 확실히 안전을 보장받을 방법은 약실에서 실탄을 제거하는 것뿐이다. 리볼버라면 발사 차례가 되는 약실만 비워두면 된다. 쏠 수 있는 실탄이 한 발 적어지지만, 안전을 최우선시한다면 좋은 방법이다.

하프 콕에서 좀 더 발전한 형태가 오른쪽 그림 2의 트랜스퍼 바(transfer bar)다. 평소에는 격철이 어딘가에 부딪혀 쓰러지더라도 격침에 미치지 못하기 때문에 뇌관을 타격하지 않는다. 그러다가 방아쇠를 당기면 격철 앞으로 트랜스퍼 바가 올라간다. 이때 격철이 쓰러지면 트랜스퍼 바를 타격하고, 트랜스퍼 바는 격침을 때린다. 다시 말해 방아쇠를 당길 때만 격철이 격침을 때리는 구조다.

자동 권총에는 파이어링 핀 블록(firing pin block)이 있어서 격철이 어딘가에 부딪혀도 방아쇠를 당기지 않는 이상 격침의 전진을 막아준다.(그림 3) 방아쇠를 당기면 파이어링 핀 블록 리프터(firing pin block lifter)가 파이어링 핀 블록을 밀어 올려 격침 고정을 해제한다.

그림 1 격철에 충격을 주면 오발 사고가 일어난다.

그림 2 리볼버의 폭발 방지 기구

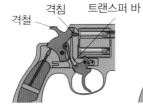

격철과 격침 사이에는 간격이 있어 격철은 격침을 타격할 수 없다.

방아쇠를 당기면 격철 앞으로 트랜스퍼 바가 올라온다.

격철의 타격을 트랜스퍼 바가 격침에 전달한다.

그림 3 자동 권총의 격침 고정 구조

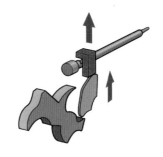

구형 총에는 이런 안전장치가 없으니 주의한다.

방아쇠를 당기면 파이어링 핀 블록 리프터가 올라가고, 파이어링 핀 블록도 위로 올라가면서 격침 고정을 해제한다.

3-08 스트라이커 방식

격철이 없어서 코킹 여부를 알 수 없다

격철 없이 격침에 강한 용수철을 부착해 뇌관을 타격하는 방식을 스트라이커(striker)라고 한다. 대표적인 구형총으로 브라우닝 M1910, 난부 12년식, 루거 P08 등이 있다. 스트라이커 방식 총은 약실에 실탄을 장전하면, 격침의 용수철이 압축돼 언제라도 뇌관을 타격할 수 있는 상태가 된다. 안전장치가 있다고 해도 이런 총은 가지고 다니기 무섭다. 그래서 스트라이커 방식 총은 약실이 빈 상태로 들고 다니다가 사격 직전에 슬라이드를 당겨서 약실에 실탄을 보낸다. 물론 이런 방식은 신속히 사격해야 하는 상황에서 불리하다.

중국의 77식 권총은 그래서 손으로 슬라이드를 당기지 않아도 방아쇠 가드에 손가락을 걸치고 방아쇠처럼 당기면, 슬라이드가 후퇴하고 잠금이 해제돼 슬라이더가 전진하면서 실탄이 약실로 장전되는 구조다. 이 방식은 77식이 소형 권총이기 때문에 가능하다. 380 ACP나 9mm 루거급 이상의 실탄을 사용하는 총이라면 집게손가락만으로 용수철의 힘을 거슬러 슬라이드를 당기기에는 역부족이다.

이 이유로 H&K의 VP7, 콜트 올 아메리칸(Colt All American) 2000처럼 스트라이커 방식의 더블 액션 온리 형태도 소수지만 판매하고 있다. 이런 형태는 방아쇠를 당기는 힘으로 용수철이 압축되고, 방아쇠를 끝까지 당기면 용수철이 해제돼 격침이 전진한다. 약실에 실탄이 장전돼 있어도 용수철이 압축되지 않았기 때문에 안전하다. 그러나 더블 액션이기 때문에 방아쇠를 강한 힘으로 길게 당겨야 한다. 이 때문에 총이 흔들릴 수 있어서 명중률이 낮아 별로 인기를 얻지 못했다.

※ 코킹(cocking): 방아쇠를 당기면 쏠 수 있는 상태.

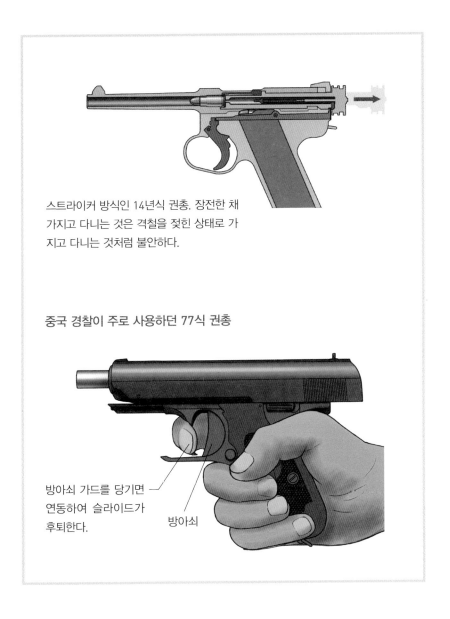

스트라이커 방식인 14년식 권총. 장전한 채 가지고 다니는 것은 격철을 젖힌 상태로 가지고 다니는 것처럼 불안하다.

중국 경찰이 주로 사용하던 77식 권총

방아쇠 가드를 당기면 연동하여 슬라이드가 후퇴한다.

방아쇠

3-09 스퀴즈 코커와 세이프 액션

글록의 세이프 액션은 성공했다

H&K의 P7 권총은 스퀴즈 코커(squeeze cocker)라는 방식을 쓴다. 이는 슬라이드를 당겨서 약실로 실탄을 장전한 후, 격침의 용수철은 압축되지 않고 더블 액션 온리처럼 느슨해진다. 그래서 오발 사고를 방지할 수 있다. 총의 그립을 강하게 쥐면 스퀴즈 코커가 움직여 연동된 레버가 격침의 용수철을 압축한다. 이 상태에서 방아쇠를 당기면 싱글 액션처럼 가볍게 방아쇠를 당길 수 있다. 호불호가 강해서 독일이나 미국 일부에서 경찰용으로 사용하지만, 그립감이 특이해서 널리 보급되지는 못했다.

글록 권총에서 볼 수 있는 세이프 액션(safe action) 방식이 있다. 슬라이드를 당겨서 약실로 실탄을 보낸 후에도 격침의 용수철은 발사 준비 상태로 압축되는 것이 아니라 어느 정도 느슨해지기는 해도 완전히 느슨해지지 않고 도중에 멈춘다. 이런 어중간한 상태라면 외부 충격으로 용수철이 해제될지라도 뇌관을 발화시킬 수 있는 정도의 힘을 발휘할 수 없다.(이뿐만 아니라 방아쇠를 당기지 않는 한 격침이 전진하지 않도록 잠기는 구조)

이런 어중간한 상태에서 방아쇠를 당기면 더블 액션처럼 용수철이 압축되고 끝까지 당기면 용수철이 해제돼 격침이 뇌관을 타격한다. 2발째부터는 싱글 액션 자동 권총처럼 방아쇠가 가벼워진다. 첫 발도 일반적인 더블 액션과 달리 어느 정도 용수철이 압축된 상태이기 때문에 힘이 많이 들지는 않는다. 이처럼 더블 액션보다 훨씬 가벼운 힘으로 방아쇠를 당길 수 있어 첫 발 명중률도 높다.

스퀴즈 코커

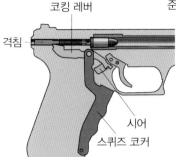

코킹 레버

격침

격침의 뒷부분이 튀어나와 발사 준비 상태임을 알 수 있다.

시어
스퀴즈 코커

슬라이드를 왕복시켜 약실로 실탄을 보낸 후에도 격침의 용수철은 압축되지 않는다.

그립을 꽉 쥐면 코킹 레버가 격침의 용수철을 압축해 발사 준비 상태가 된다.

세이프 액션

파이어링 핀 블록이 격침의 전진을 막는다.

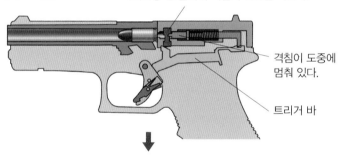

격침이 도중에 멈춰 있다.

트리거 바

방아쇠를 당기면 파이어링 핀 블록이 올라가 격침이 움직일 수 있는 상태가 된다.

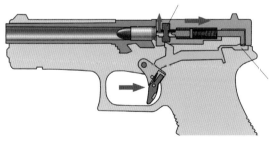

방아쇠를 당기면 트리거 바 뒷부분의 돌기가 더블 액션처럼 격침을 잡아당긴다.

3-10 그립 세이프티와 매거진 세이프티
두 안전장치는 과연 필요한가?

'총을 수풀에 떨어뜨렸다. 급히 주워들었을 때 방아쇠가 잡초에 걸려 오발 사고가 일어났다.' 그립 세이프티(grip safety)는 이런 상황이 발생하지 않도록 방아쇠가 당겨지더라도 그립을 확실히 쥐지 않으면 작동하지 않는 구조다. 콜트 거버먼트나 우지(Uzi) 서브 머신건, 난부식 권총 등에 그립 세이프티가 적용됐다.

총을 잡을 때는 대부분 그립을 쥐기 때문에 잡으면 해제되는 안전장치가 과연 무슨 의미가 있느냐는 평가가 지배적이어서 그다지 많이 보급되지 않았다. 오히려 속사 경기 선수 중에는 그립감에 불편함을 느끼고, 이 기능을 제거한 총을 좋아하는 선수도 있다. 콜트 거버먼트는 좋지만, 그립 세이프티는 필요 없다는 것이다.

매거진 세이프티(magazine safety)라는 구조도 있다. 약실에 실탄이 장전돼 있어도 탄창이 꽂혀 있지 않으면 방아쇠를 당겨도 격철(격침)이 쓰러지지 않는다. 이 방식을 채용한 대표적인 총은 브라우닝 M1913이나 브라우닝 M1910, 14년식 권총 등이다. 그러나 과연 무슨 의미가 있겠느냐는 생각이 든다. 사용하지 않는 총은 탄창뿐만 아니라 약실에서 실탄을 제거하는 일이 기본이다. 권총으로 싸우는 긴박한 전투 상황에서 아무리 실탄이 많아도 탄창을 잃어버리면 끝장이다. 목숨이 오고 가는 상황이라면 오히려 약실에 한 발씩 손으로 직접 넣더라도 발사할 수 있어야 마땅하다. 오늘날에는 이런 기능이 있는 권총을 거의 찾아볼 수 없다.

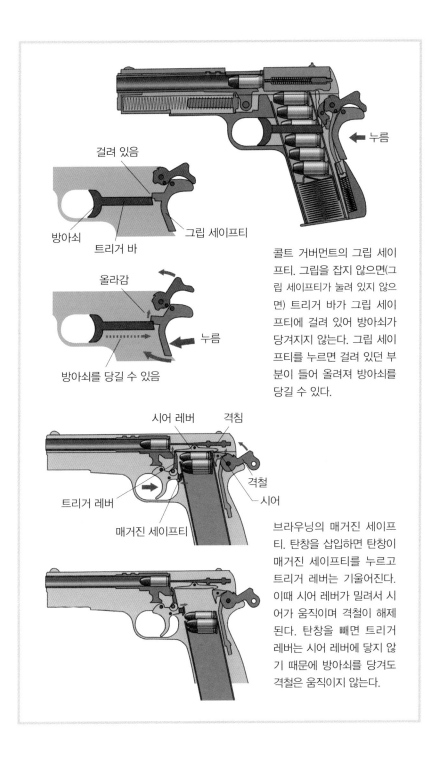

걸려 있음

방아쇠 트리거 바 그립 세이프티

누름

올라감

누름

방아쇠를 당길 수 있음

콜트 거버먼트의 그립 세이프티. 그립을 잡지 않으면(그립 세이프티가 눌려 있지 않으면) 트리거 바가 그립 세이프티에 걸려 있어 방아쇠가 당겨지지 않는다. 그립 세이프티를 누르면 걸려 있던 부분이 들어 올려져 방아쇠를 당길 수 있다.

시어 레버 격침

격철

트리거 레버 시어

매거진 세이프티

브라우닝의 매거진 세이프티. 탄창을 삽입하면 탄창이 매거진 세이프티를 누르고 트리거 레버는 기울어진다. 이때 시어 레버가 밀려서 시어가 움직이며 격철이 해제된다. 탄창을 빼면 트리거 레버는 시어 레버에 닿지 않기 때문에 방아쇠를 당겨도 격철은 움직이지 않는다.

3-11 체임버 인디케이터
실탄 장전 여부를 한눈에 알 수 있다

'적 발견! 근데 총에 실탄이 장전돼 있던가? 아니면 슬라이드를 당겨서 장전해야 하나?' 이럴 때 가장 확실한 확인 방법은 손으로 슬라이드를 조금 당겨 살펴보는 것이다. 장전돼 있다면 약실에서 배출되려는 실탄이 보인다. 이렇게 확인하고 슬라이드를 다시 원위치하면 된다. 보이지 않으면 장전되지 않았다는 것이므로 그대로 슬라이드를 당겨서 장전한다.

이 확인법은 자신의 손으로 눈길을 돌려야 해서 적의 움직임을 놓칠 수 있고, 조급한 마음에 슬라이드를 지나치게 당기면 장전돼 있던 실탄이 배출되는 불상사가 일어날 수도 있다. 게다가 어둡다면 잘 보이지도 않을 것이다.

권총에는 장전 여부를 확인할 수 있는 체임버 인디케이터(chamber indicator)가 장착돼 있다. 발터 PPK나 발터 P38과 같은 권총은 약실에 실탄이 장전돼 있으면 슬라이드 후면에 핀이 돌출되고, 그렇지 않으면 핀이 돌출되지 않는다. 그래서 어둡더라도 손가락으로 확인할 수 있다. 이는 정말로 사용자를 위한 친절한 설계이며 필자는 이 점을 높게 평가한다. 그러나 이후 등장한 총에는 그다지 활발히 도입되지 않았고, 슬라이드 표면에 있는 익스트랙터의 돌출 여부로 장전 상태를 판단해야 하는 방식이 많다. 사람에 따라 다르겠지만 필자는 이 돌출 여부를 잘 느낄 수 없었다. 설계상 어떤 문제가 있는지 모르겠으나 필자는 슬라이드 뒷면에 핀이 돌출되는 방식이 더 좋다.

약실에 장전돼 있지 않기 때문에 핀이 돌출되지 않았다.

약실 지시핀

약실에 실탄이 장전돼서 핀이 돌출돼 있다.

익스트랙터

글록은 장전돼 있으면 익스트랙터가 살짝 돌출되지만, 알기 어렵다.

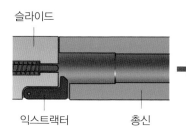

슬라이드

익스트랙터　　　　　총신

약실이 비었다면 익스트랙터는 돌출되지 않는다.

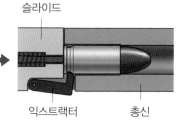

슬라이드

익스트랙터　　　　　총신

실탄이 장전돼 있으면 익스트랙터가 돌출된다.

3-12 나강 리볼버

실린더 갭에서 가스가 새지 않는다

나강 리볼버는 제정 러시아군이 러일전쟁(1904년~1905년)부터 제1차 세계대전까지 주로 사용했고, 제2차 세계대전에서도 보조적으로 사용했으며, 그 후 경찰용 권총으로 오랫동안 사용했다. 리볼버는 기본적으로 실린더와 총신 간에 0.1~0.2mm 정도 실린더 갭이 있다. 여기서 화약 가스가 새어 나온다. 이 때문에 가스가 새지 않을 때와 비교하자면 초속이 3~8% 떨어진다. 나강 리볼버는 이러한 손실을 없앤 매우 특이한 구조다.

탄약의 형태는 탄피만 있는 것처럼 보인다. 탄환이 탄피 속에 감춰져 있기 때문이다. 또한 탄피는 실린더 길이와 맞아떨어지지 않고 다소 길다. 격철을 젖히면(더블 액션으로 방아쇠를 당겨서 격철을 젖히는 경우도 포함) 방아쇠와 연동된 바가 밀리면서 실린더가 전진하고 총신과 실린더는 밀착한다. 그리고 탄피가 실린더보다 길어서 탄약 앞부분이 총신에 살짝 들어간다. 이런 구조이기 때문에 가스 누출을 방지하고, 초속 손실을 줄일 수 있다.

이런 구조에도 불구하고 이 권총은 원래 탄약이 매우 약하다. 108gr(7g)의 탄환을 355m/s로 발사하며 운동에너지는 약 40kgf/m다. 러시아의 괴승 라스푸틴은 이 탄환을 5발 맞고도 죽지 않아 강에 던져 익사시켰다는 기록이 있다. 필자는 이런 아기자기한 구조를 적용한 총보다는 단순하고 위력적인 총을 사용하는 것이 러시아인답다고 생각한다. 외관보다 그립감이 좋다는 것 이외에 별로 내세울 것이 없는 총이다.

방아쇠를 당기기 전에는
실린더 갭이 보인다.

나강의 탄환은 탄피 속에
감춰 있다.

탄환

탄약 앞부분은
총신에 살짝 들
어간다.

방아쇠를 당기면 지렛대의
원리로 실린더가 전진한다.

실린더

로딩 게이트

이젝터 로드
7발 모두 발사한 후 빈 탄
피를 제거할 때는 이곳의
나사를 돌려서 배출한다.

로딩 게이트가
열린다.

이젝터 로드로 탄피를
제거한다.

7발 모두 쏜 뒤 빈 탄피를 제거하는 불편함은 '이런 총으로 전쟁을 치를 수 있을
까?'라고 생각할 정도다. 이젝터 로드를 작동하려면 먼저 고정 나사를 느슨하게
풀어야 한다.

3-13 머즐 브레이크와 컴펜세이터
반동과 튀는 현상을 억제한다

머즐 브레이크(muzzle brake)는 총구에 부착(또는 가공)해 반동을 억제하는 장치다. 컴펜세이터(compensator)는 마찬가지로 총구에 부착해 반동으로 총이 튀는 현상을 억제하는 장치다. 둘 다 탄환 발사 후 발생하는 폭풍(爆風)을 이용해 반동을 억제하기 때문에 같은 장치라고 해도 될 듯하며 둘의 명확한 구분은 모호하다. 그러나 머즐 브레이크는 반동 억제, 컴펜세이터는 튐 방지(튐 현상도 반동으로 발생하지만)의 역할을 한다는 이미지가 강하다.

반동이나 튐 현상을 억제할 수 있다면 2발째부터는 조준이 수월하므로 오늘날 군용 라이플은 거의 기본으로 장착하지만, 권총은 크기도 중요하고 머즐 브레이크를 부착하면 형태가 나빠지기 때문에 반동이 심하지 않은 권총에는 일반적으로 없다.

총신 앞부분의 측면에 구멍을 뚫어놓는 것만으로 어느 정도 머즐 브레이크 역할을 하며, 구멍 방향을 위에 두면 가스가 위로 빠지기 때문에 튐 현상을 막는 컴펜세이터 역할을 한다. 리볼버는 이런 가공이 간단하지만, 슬라이드가 있는 자동 권총은 슬라이드보다 길게 총신을 만들려면 슬라이드에 구멍을 뚫어야 한다. 가공이 어려울 뿐만 아니라 반동을 바꾸는 일 자체가 자동 권총에는 불안한 요소이기도 해서 전혀 없다고 해도 될 정도로 보급되지 않았다. 다만 일부 속사 경기에서 특별 주문 제작한 컴펜세이터를 장착한 자동 권총을 쓴다.

머즐 브레이크

 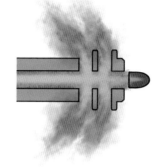

폭풍이 총을 앞으로 당긴다.

폭풍이 닿는 면적이 넓을수록
효과적이다.

컴펜세이터

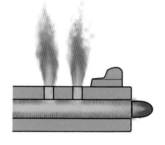

폭풍을 위로 분사해 반동으로 총
이 튀는 현상을 억제한다.

컴펜세이터가 장착된 권총

컴펜세이터 위에 난 구멍

3-14 소음기
자동총은 완전히 소리를 차단할 수 없다

발사음을 없애기 위해 총구에 부착하는 것이 소음기(silencer)다. 서프레서 (suppressor)라고도 한다. 영화에서는 자주 등장하지만 일반적인 총에는 바로 사용할 수 없으며 특수 제작한 총신에 장착한다. 대부분 나라에서는 소음기 장착이 위법이기 때문에 소음기가 장착된 권총은 국가 기관에 속한 사람만 제한적으로 사용할 수 있다.

리볼버는 실린더 갭에서 위험할 정도로 폭풍이 나오기 때문에 총구에 소음기를 달아도 소용없다. 자동 권총의 총신에 소음기를 달면, 쇼트 리코일 방식은 총신의 후퇴 속도가 바뀌기 때문에 총이 원활히 작동하지 않는다.

총신이 고정된 블로백 방식의 권총에 소음기를 달면, 총구에서 원활하게 가스가 빠지지 않아 슬라이드 후퇴가 빨라진다. 이 때문에 오히려 탄피 배출구에서 높은 압력의 가스가 새어 나와 소리가 발생한다. 물론 소음기가 없는 것보다는 소리가 작다.

간첩 조직이 암살용으로 만든 본격적인 소음 권총이라면 한 발 한 발 손으로 슬라이드를 조작하는 수동식이 많다. 탄환 속도가 음속보다 빠르면 탄환이 공중을 가르는 파열음이 나기 때문에(총소리보다는 작다.) 음속 이하인 실탄을 사용해야 한다.

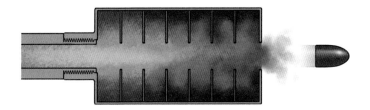

소음기 구조. 내부 모습은 다양하지만, 기본적으로는 위와 같다. 빈 깡통이나 폴리에틸렌 병으로 자작할 수도 있다. 다만 어떻게 총신에 장착할지가 문제다.

소음기가 부착된 발터 P22. 소형인 22 림 파이어는 원래 소리가 작아서 소음기를 부착하면 거의 소리가 나지 않는다. 위력이 부족한 실탄이지만 정확히 맞힌다면 치명상을 입힐 수 있다.

3-15 컨버전 키트
부품 교환으로 구경이 다른 탄약을 쏠 수 있다

예를 들어 구경 45의 콜트 거버먼트로 저렴하고 가벼운 22 림 파이어탄을 쏠 수 있을까? 일단은 구경이 다르기 때문에 당연히 총신을 교환해야 한다. 그리고 사용하는 탄약 크기가 달라서 탄창도 바꿔야 한다. 탄약 크기가 다르다는 것은 익스트랙터의 크기가 다르고, 탄약이 센터 파이어인지 림 파이어인지에 따라 격철의 타격 위치도 달라서 결국 슬라이드도 바꿔야 한다. 이처럼 다른 탄약을 사용하기 위한 부품 세트를 컨버전 키트(conversion kit) 또는 컨버전 유닛(conversion unit)이라고 한다.

독일 H&K사의 HK4는 슬라이드 교체 없이 총신(총신 외측을 감고 있는 용수철 포함)과 탄창만 바꾸면 22 롱 라이플, 25 ACP, 32 ACP, 380 ACP를 사용할 수 있다. 센터 파이어와 림 파이어는 격철이 타격하는 위치가 다르지만, 이 또한 조절할 수 있다. 한 사람이 총 한 정으로 네 가지 탄약을 사용하기 위해 이 키트를 모두 구매할지는 의문이지만 어쨌든 가능하다.

이런 컨버전스는 총 구조가 간단할수록 손쉽다. 중절식인 단발 톰슨 컨텐더는 총신만 교환하면 된다.(정확히는 총신과 일체인 이젝터도 교환) 또 권총인 콜트 거버먼트를 단발 볼트 액션으로 변신시키는 도미네이터(dominator)도 인기가 좋은 컨버전 키트다.

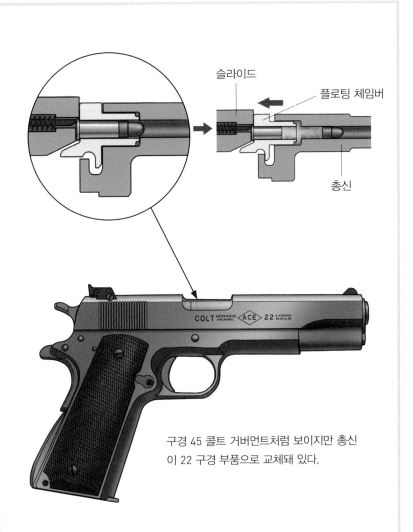

슬라이드

플로팅 체임버

총신

구경 45 콜트 거버먼트처럼 보이지만 총신
이 22 구경 부품으로 교체돼 있다.

콜트 거버먼트처럼 무거운 슬라이드는 22 림 파이어의 반동으로는 작동하지
않는다. 그래서 플로팅 체임버(floating chamber) 기술을 사용한다. 22 림 파이
어탄이 들어가는 약실은 별도 부품을 이용해서 총신에 끼운다. 실탄을 발사하
면 약실 전방에 가스가 발생해 플로팅 체임버를 1.7mm 정도 후퇴시켜 슬라이
드를 밀어내는 힘을 만든다. 이런 구조로 원래 22 림파이어의 반동으로는 움직
이지 않는 슬라이드를 작동시키는 것이다.

맬펑션

보통 '잼'이라고 한다

맬펑션(malfunction)이란 기계가 정상적으로 작동하지 않는 것을 말한다. 잼(jam)이라는 은어에 가까운 표현도 있는데, 총과 관련해서는 잼을 더 많이 사용한다. 주로 실탄이 탄창에서 약실로 잘 보내지지 않는다거나 발사 후 빈 탄피가 정상적으로 배출되지 않을 때 사용한다. 만약 절체절명의 상황에서 이런 일이 발생하면 큰일이기 때문에 왜 이런 현상이 발생하는지 알아야 한다. 잼이 일어나는 이유는 다양하다. 원인을 파악하기 힘든 경우도 많지만, 일반적인 사례를 몇 가지 들어보겠다.

총(옛날 군용 권총에 많이 나타난다.)에 따라서는 기본 전제가 풀 메탈 라운드 노즈탄을 사용하는 것인 경우가 많다. 그런데 할로 포인트나 플랫 포인트탄을 사용하면 약실 입구에 탄두 귀퉁이가 걸려 잼이 발생한다.

반동 강도가 그 총에 맞지 않는 총탄을 사용하는 것도 잼의 원인이다. 반동이 약하면 슬라이드의 후퇴 속도가 늦어 탄피가 시원하게 배출되지 않고 도중에 걸린다. 반동이 너무 강해도 슬라이드 왕복 속도가 빨라서 비슷한 현상이 발생한다. 탄창에서 다음 실탄이 장전되지도 않았는데 슬라이드가 전진한 것이다.

탄창 불량도 큰 영향을 준다. 아무리 탄창을 잘 살펴봐도 알 수 없을 정도의 미묘한 불량이 영향을 끼친다. 그래서 탄창 전문 제조사가 있을 정도이며, 총을 만드는 회사도 탄창만은 외주하는 경우가 많다.

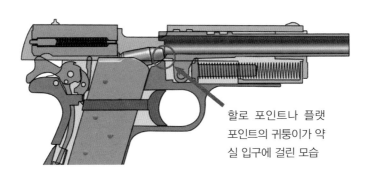

할로 포인트나 플랫
포인트의 귀퉁이가 약
실 입구에 걸린 모습

이렇게 탄피가 걸리는 현상은 탄약의 반동력이 총과 맞지 않거나 사수가 반동
에 반응하는 방식이 적절하지 않아 발생하는 경우도 있다.

권총 정비

오늘날 사용하는 무연화약은 총을 녹슬게 하지 않는다. 총을 녹슬게 하는 주요 요인은 손의 땀이나 공기 중의 습기다. 한편 스테인리스 총이나 최근 유행하는 플라스틱 총은 정비가 거의 필요 없다.

탄환 속도가 초속 700m가 넘는 라이플은 몇 발 쏘는 와중에 총탄의 재킷이 총강 내부에 달라붙어 명중률을 떨어뜨리지만, 속도가 느린 권총탄은 이마저도 그다지 신경 쓸 필요가 없다.

다만 (오늘날에는 별로 없지만) 재킷으로 덮여 있지 않은 납 탄환을 사용하면 납이 총구에 들러붙기 때문에 이때는 동 브러시로 긁어내야 한다.

플라스틱이나 스테인리스 총도 격침이나 용수철은 철제이기 때문에 비교적 녹슬기 쉽다. 쏠 때마다 정비할 필요는 없지만, 가끔 방청유를 발라주는 것이 좋다.

권총은 확실히 정비하자.

제4장

조준과 조준 장치

 **4-01** 아이언 사이트
대부분 권총은 오픈 사이트

총 대부분에는 총신 위에 가늠쇠(front sight)와 가늠자(rear sight)가 있다. 이들이 목표와 일직선이 되도록 조준한다. 대개 철로 돼 있어 아이언 사이트(iron sight)라고 하며, 간혹 철이 아닌 다른 금속으로 만든 것도 있어 메탈릭 사이트(metallic sight)라고도 한다. 매우 예외적이기는 하지만 금속이 아닌 재료로도 만든다.

　권총의 사이트는 오른쪽 그림과 같이 곡형(谷型) 가늠자와 산형(山型) 가늠쇠로 이뤄져 있다. 곡형 가늠자와 산형 가늠쇠의 조합을 오픈 사이트(open sight)라고 한다. 이에 비해 구멍이 뚫린 모양은 피프 사이트(peep sight. 공형[孔型] 가늠자)라고 한다. 라이플은 피프 사이트가 많지만, 권총은 대부분 오픈 사이트다.

　그림처럼 가늠쇠와 가늠자의 색이 검어서 표적이 검으면 가늠쇠와 가늠자가 표적 중심에 맞는지 헷갈릴 수 있다. 그래서 올림픽 경기처럼 표적이 정해진 경우를 제외하고 일반인이 권총으로 사격 연습을 할 때는 검은 표적이 아니라 오렌지색(탄착점도 잘 보임) 표적이 좋다. 최근에는 그림처럼 가늠자와 가늠쇠를 흰색으로 처리하는 경우가 늘고 있는데, 검은 표적을 조준하기에 편할 뿐만 아니라 어두운 곳에서도 조준구가 잘 보인다.

　참고로 V자 가늠자와 역V자 가늠쇠의 조합은 정밀 조준이 가능할 듯하지만 실제로 그렇지도 않다. 사각형의 요철(凹凸) 조합이 조준 오차를 확인하기 쉬워서 보다 정확한 조준이 가능하다.

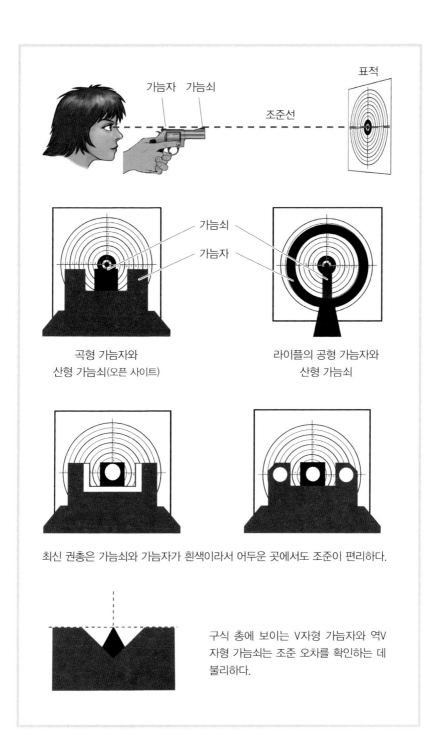

가늠자　가늠쇠

표적

조준선

곡형 가늠자와
산형 가늠쇠(오픈 사이트)

가늠쇠

가늠자

라이플의 공형 가늠자와
산형 가늠쇠

최신 권총은 가늠쇠와 가늠자가 흰색이라서 어두운 곳에서도 조준이 편리하다.

구식 총에 보이는 V자형 가늠자와 역V
자형 가늠쇠는 조준 오차를 확인하는 데
불리하다.

4-02 조준선과 탄도

사이트는 총신과 평형이 아니다

사이트는 총신이나 슬라이드 위에 달려 있고, 탄환은 중력으로 인해 낙하한다. 그래서 조준선과 총신축선이 평행이면 조준한 곳보다 아래에 탄착점이 형성될 것이다. 표적 중심에 맞히기 위해서는 조준선과 총신축선이 평행이 아니라 총신이 다소 위를 향해야 한다. 모든 라이플은 이런 구조다.

권총, 특히 리볼버는 총신이 조준선보다 아래를 향하도록 설계된 경우가 많다. 이는 반동으로 총이 튀는 현상을 감안한 것이다. 물론 반동으로 총이 튀는 것은 탄환이 총신을 벗어난 뒤에 일어나지만, 탄환이 총신 안을 전진할 때도 총에 따라 정도 차이는 있지만 반동으로 미묘하게 총신이 위를 향한다.

총신을 다소 아래로 향하게 하면 발사 시 반동으로 총신이 조준선보다 조금 위를 향했을 때 탄환이 총신을 벗어나고, 중력으로 인해 다시 낙하하면서 애초 설정한 거리를 날아간 뒤에 표적에 명중할 수 있다. 여기서 설정한 거리란 제조사에 따라 다르지만 대개 25m 내외다. 그러나 반동으로 총이 얼마나 튈지는 개인에 따라 다르고, 탄약의 강도에 따라서도 다르다.

속도가 빠른 탄환은 목표까지의 도달 시간도 빨라서 중력으로 인한 낙하가 적어 표적보다 높은 곳에 탄착점이 형성된다. 반면 속도가 느린 탄환은 목표까지의 도달 시간이 느리다. 이 때문에 낙하폭이 커서 탄착점은 표적 아래에 형성된다. 따라서 직접 쏴보지 않는 이상 얼마나 오차가 생길지는 사실상 알 수 없다.

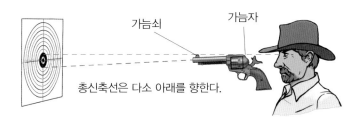

가늠쇠 가늠자

총신축선은 다소 아래를 향한다.

반동으로 튀어 오른 총신축선

중력으로 탄환이 다소 낙하한다.

콜트 피스 메이커는 조준선보다 총신축선이 제법 많이 아래를 향한다. 이는 그립이 반동으로 쉽게 튀는 모양이기 때문이다.

4-03 메커니컬 사이트

조절 가능한 메커니컬 사이트가 있다

탄환은 비행 거리에 따라 낙하량이 다르다. 게다가 같은 거리라도 제조사가 다르거나 속도 또는 반동이 다르면 탄착점도 달라진다. 그래서 라이플에는 가늠자의 높이나 좌우를 조절할 수 있는 장치가 있다.(총에 따라서는 가늠쇠도 조절 가능) 이처럼 조절 가능한 메탈릭 사이트를 메커니컬 사이트(mechanical sight)라고 한다.

권총은 기본적으로 근거리 사격용이기 때문에 예를 들어 10m 거리에서 5cm 오차가 생긴다고 해도 표적이 직경 10cm 정도라면 맞히는 데 크게 문젯거리가 되지 않는다. 다시 말해 실전에서 정밀 사격은 필요 없고 '상대 가슴에만 맞히면 그만이다.'라고 생각한다면 5cm 정도의 오차는 상관없다. 이런 이유로 권총 대다수에는 메커니컬 사이트가 없다.

만약 사격 경기처럼 점수 경쟁을 하거나 원거리 사격을 한다면 이 오차는 매우 크다. 그래서 일부 권총에는 라이플의 가늠자처럼 거창하지 않더라도 가늠자를 어느 정도 조절할 수 있는 제품도 있으며, 최근에는 높이가 다른 몇 종류의 사이트가 제공되는 경우도 있다.

또한 마우저 C96이나 스테츠킨(Stechkin), 루거 P08 등 총신이 긴 종류는 개머리판을 부착해서 원거리 사격에도 대응할 수 있도록 제작하기도 한다. 이들 총은 목표물의 거리에 따라 가늠자의 기울기를 조절해서 조준하는 탄젠트(tangent)식 사이트가 장착돼 있다. 옵션인 개머리판을 장착해야 하며 개머리판을 장착하지 않고 쏘면 거의 의미 없는 결과가 나온다.

일부 권총에는 상하좌우로 조절할 수 있는 메커니컬 사이트가 달렸다. 사진은 루거 Mk.II.

브라우닝 하이파워(Hi-Power)에는 500m 거리를 조준할 수 있는 탄젠트식 사이트가 달린 모델도 있다.

스코프
권총용 스코프와 라이플용 스코프의 차이

권총은 기본적으로 근거리 사격용이므로 스코프(scope)가 필요 없다. 그러나 세상에는 라이플로 쏘면 되는 거리를 군이 권총으로 쏘고 싶어 하는 사람도 있다. 보통은 라이플로 사냥하는 사슴이나 멧돼지를 권총으로 잡겠다는 것이다.

스코프로 조준하면 목표가 크게 보일 뿐만 아니라 렌즈가 빛을 모아주기 때문에 육안으로 볼 때보다 목표물이 밝게 보인다. 낮에도 어두운 숲속에서 움직이는 물체가 멧돼지인지 사람인지 알 수 없을 때 스코프를 사용하면 편리하다.

기본적으로 권총을 설계할 때는 스코프 장착을 고려하지 않기 때문에 스코프를 장착할 수 있는 권총은 한정적이며, 쉽게 장착할 수도 없다. 데저트 이글이나 루거 슈퍼 레드호크(Super Redhawk) 등은 처음부터 총신에 스코프 마운트를 부착하기 위한 장치가 있으며 총의 성능도 원거리 사격에 적합하다. 이런 총으로는 주로 사슴이나 멧돼지를 잡는다.

스코프는 애초에 권총용과 라이플용이 다르다. 라이플용 스코프는 눈과의 거리가 5~8cm 떨어진 위치에서 초점을 맞춘다. 권총용 스코프를 이렇게 만든다면 사격 시 반동으로 얼굴을 다칠 수 있다. 권총용 스코프는 렌즈에서 수십 cm 떨어진 위치에서 초점을 맞추게 돼 있다.

데저트 이글과 같은 대형 권총에 스코프를 장착하면 멧돼지 사냥이 편리하다.

권총용 스코프는 이처럼 눈에서 멀리 떨어진 상태에서 초점을 맞춰야 한다.

라이플용 스코프를 권총에 장착하면 눈과 렌즈 사이의 거리가 너무 가까워져 위험하다. 그림처럼 라이플에서 개머리판을 제거한 듯한 모양의 권총도 있다.(레밍턴 XP-100)

4-05 도트 사이트
조준을 신속하게 할 수 있다

도트 사이트(dot sight)라는 광학 조준기가 있다. 스코프와 달리 배율이 없고 렌즈가 빛을 모아주지도 않기 때문에 목표가 밝게 보이지는 않는다. 반면 스코프처럼 일정 거리에 두고 초점을 맞출 필요가 없다.

도트 사이트의 시야 중심에는 붉은 점이 보인다.(다른 색도 있음) 이 점을 표적에 맞춰 조준한다. 가늠자와 가늠쇠를 정확히 맞춰 그 선에 따라 표적을 조준해야 하는 것과 달리 붉은 점을 표적에 맞추면 되기 때문에 빠르고 정확한 조준이 가능하다.

물론 라이플처럼 100m 거리에서 1cm 오차도 허용하지 않는 정밀한 사격이라면 스코프가 정확하다. 도트 사이트가 정밀한 조준기는 아니지만, 순간적으로 방아쇠를 당겨야 하는 실전 상황이라면 결과적으로 가늠자와 가늠쇠를 사용하는 것보다는 정확하다. 그리고 어두운 곳에서도 붉은 점은 잘 보인다는 이점이 있다. 다만 적도 그 점을 볼 수 있다.

전지가 떨어지면 조준기를 사용할 수 없기 때문에 예비용 전지를 휴대해야 한다. 이전에는 전지 없이 자연광으로 붉은 점을 구현하는 방식도 있었지만, 어두운 곳에서는 붉은 점이 생기지 않기 때문에 폐기됐다.

예전에는 권총에 도트 사이트를 장착하면 부피가 커져서 특수한 홀스터가 아니면 총을 넣을 수가 없었다. 최근에는 소형 제품도 등장했기 때문에 이용자가 늘 것으로 예상한다.

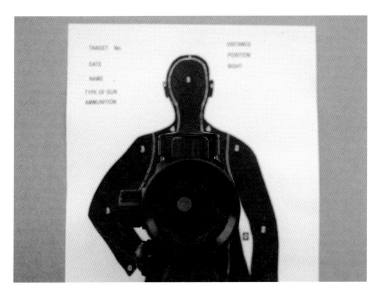

도트 사이트로 표적을 조준하는 모습

예전 도트 사이트(왼쪽)는 커서 총에 장착하면 홀스터에 넣을 수 없있지만, 최근에 작은 제품(오른쪽)이 등장했다.

4-06 레이저 사이트
레이저 포인터를 총에 장착한다

레이저 사이트(laser sight)는 붉은 레이저 빛을 내는 장치를 총에 장착해 목표에 붉은 점을 맞혀서 사격하는 구조다. '조준'과 개념이 다르다고 평가하는 사람도 있어 레이저 사이트가 아닌 레이저 포인터(laser pointer)로 부르는 사람도 있다.

레이저 포인터의 장점은 어두운 곳에서도 조준할 수 있다는 점이다. 이는 도트 사이트도 마찬가지지만 레이저 포인터는 눈앞에 총의 조준기를 두지 않아도 된다. 예를 들어 허리 부근에 총을 들고 있더라도 레이저 빛만 목표에 맞힐 수 있다면 조준이 된 것이다.

레이저 빛을 목표에 맞히려면 적어도 한쪽 눈은 목표를 찾아서 봐야 한다. 그렇다면 도트 사이트를 사용하는 것과 별반 차이가 없으며, 사격에 익숙한 사람은 사격 자세를 취하면 무의식적으로 사이트가 눈앞에 오기 때문에 레이저 빛으로 목표를 조준하기보다는 도트 사이트로 조준하는 것이 더 빠를지도 모른다.

이렇게 생각하면 도트 사이트보다 나은 점이 없어 보이지만 군대의 실전 상황은 차치하더라도 일반 범죄자에게 총을 겨냥하고 "움직이지 마!"라고 외치는 경우, 상대는 레이저 빛이 자신의 몸을 조준하고 있다는 것만으로도 공포심을 느낄 수 있기 때문에 심리적으로 제압하는 효과가 있다. 그러나 이런 상황이 익숙한 적이라면 빛이 오는 방향을 향해 순간적으로 총을 쏠 수도 있다.

"움직이지 마. 당신을 조준하고 있어."라고 경고할 때는 레이저 포인터가 효과
적이다.

레이저 포인터

최근에는 소형 레이저 포인터도 등장했다.

4-07 옵티컬 사이트의 세팅

장착한다고 명중률이 바로 높아지지는 않는다

스코프나 도트 사이트 혹은 레이저 포인터와 같은 광학 조준기를 옵티컬 사이트(optical sight)라고 한다. 이들을 총에 장착한 뒤 사격을 한다고 해도 바로 명중률이 높아지지 않는다. 장착 후 실제 사격 후 조절 과정을 거쳐야 한다.

이처럼 조준한 곳에 명중시킬 수 있도록 조준기를 조절하는 일을 영점 조준(zeroing)이라고 한다. 영점 조준과 관련해서 상세한 내용을 여기서 자세히 다루지는 않고 간단한 설명으로 대체하겠다. 왜냐하면 권총에 광학 조준기를 장착하는 귀찮은 일을 하는 사람은 그리 많지 않기 때문이다.

사이트에는 좌우 조절 나사와 상하 조절 나사가 있다. 스코프나 대형 도트 사이트는 손가락으로 조절하는 손잡이가 달린 경우도 있지만, 드라이버나 육각 렌치로 조절하는 것이 대부분이다.

조절 나사를 돌리면 딸각거리는 소리를 내는데, 이 소리를 영어로 클릭이라고 한다. '이 조준기는 1클릭에 10cm 거리에서 6mm 탄착점이 바뀐다. 탄착점을 5cm 조절하려면 약 8클릭하면 된다.'와 같이 조절하는 일을 클릭 조절이라고 한다.

권총에 장착하기 위해 소형화한 도트 사이트나 레이저 포인터는 나사를 돌려도 소리가 나지 않는 것도 있다. 참고로 딸각거리는 느낌이 나는 제품은 진동에도 강하고 조절량도 알기 쉽지만, 소형화가 쉽지 않다.

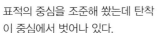

표적의 중심을 조준해 쐈는데 탄착이 중심에서 벗어나 있다.

총을 고정하고 조절 나사를 돌려 레티클(reticle. 십자선)을 탄흔에 맞춘다. 도트 사이트는 도트를 탄흔에 맞춘다.

탄창 모양의 목제에 총을 끼운다.

총을 고정할 때는 전용 고정 장치(ransom rest)를 사용하면 좋지만, 가격이 비싸다.

각도를 조절할 수 있다.

목공방에서 이런 고정 장치를 만드는 사람도 있다.

그림처럼 표적 중심을 조준해서 쐈는데 탄착점이 벗어났다면 총을 고정해서 스코프의 조절 나사로 레티클을 탄흔에 맞춘다. 그러면 조준한 표적 중심을 맞힐 수 있다. 전용 장치를 사용해 총을 고정하면 좋지만, 비싸기 때문에(400~600달러) 목공방에서 고정 장치를 만드는 사람도 있다. 고정 장치가 없더라도 사격을 반복하면서 조절 나사를 돌려가며 조절할 수 있다.

4-08 플래시 라이트
자기 존재를 알리는 장치?

요즘에는 총에 라이트를 장착하는 것이 유행이지만 "내가 여기에 있으니 쏘라는 의미가 아닌가요?"라고 물어보는 사람도 있을 수 있다. 군대라면 야간 투시경을 쓰면 되지 자신의 위치가 노출되는 라이트를 켠다는 것은 멍청한 짓이다. 그러나 경찰은 야간 투시경을 소지하고 근무에 투입되지 않는다. 어두운 곳에서 수상한 기척이 있다면 회중전등을 사용한다. 다만 한 손에 권총을 들고 다른 한 손에 회중전등을 들면 자세가 부자연스럽다. 이런 이유로 권총에 라이트를 장착하는 것이다. 군대처럼 전투를 고려한 것이 아니라 어디까지나 회중전등을 사용해야 하는 상황을 전제로 한 장치다.

물론 상대가 권총을 가지고 있어서 빛이 나는 쪽으로 사격할 수도 있다는 점을 고려해야 한다. 따라서 라이트를 계속 켜둬서는 안 되고, 단순히 회중전등으로 사용할 때는 사격 자세를 취하지 말고 총을 몸에서 멀리 떨어트려 어두운 곳을 비추는 것이 좋다.

이처럼 어두운 곳에서는 한쪽 눈을 감고 행동하거나 빛이 보인다면 일단 한쪽 눈을 감아야 한다. 어두운 곳에서 행동하려면 눈이 어둠에 적응해야 한다. 어둠에 익숙해진 눈에 강한 빛을 쏘면 순간적으로 아무것도 볼 수 없다. 적어도 한쪽 눈은 빛이 들어오지 못하게 감아서 빛이 사라진 후에 어둠을 살필 수 있어야 한다.

피카티니 레일

총에 라이트나 도트 사이트, 레이저 포인터 등을 장착하기 위해서는 프레임 아래에 사진처럼 홈(피카티니 레일)이 있어야 한다.

빛이 강하기 때문에 상대를 눈부시게 만들 수 있다.

상대에게 자신이 노출되기도 하지만 상대가 순간적으로 강한 빛을 쏘이면 눈이 부셔서 즉시 반격하기 어렵다.

마우저가 일본에서는 마우자? 모제루?

서양에서 Michael이라는 이름을 발음할 때 영미에서는 마이클이지만 프랑스인에게는 미첼이고 독일인에게는 미하일이다. 이처럼 미국이나 유럽에서는 사람의 이름이나 지명을 완전히 동떨어진 발음으로 읽기도 한다.

　일본의 총 마니아들 사이에서는 '마우자를 왜 모제루라고 부르지?'라는 물음이 화제가 된 적이 있다. 독일의 파울 마우저가 설립한 총기회사인 마우저(Mauser)를 일본에서는 '마우자'라고 표기한다. 그런데 이를 누군가가 '모제루'라고 소개했고, 일본에서는 '모제루'로 정착해버렸다. 신기한 점은 다른 총만 '모제루'라고 부르고, 기관총은 '마우자'라고 부른다는 사실이다. 참고로 모젤(Mosel) 와인을 가타카나로 표기하면 '모제루'가 된다.

파울 마우저(Paul Mauser) 출처: 위키피디아

모젤 와인

제5장

권총의 취급

5-01 총구가 사람을 향해서는 안 된다
장난감 총도 평소에 주의해야 한다

총구를 사람에게 향해도 괜찮은 경우는 상대를 쏠 의사가 있을 때뿐이다. 이를 숙지하고 있어도 총기 취급이 익숙하지 않은 사람은 자신도 모르게 총구가 사람을 향해 있기도 한다.

총을 꺼낼 때, 총을 들고 이동할 때, 장전하거나 총을 정비할 때 등 손에 총을 들고 있다면 어떤 상황에서든 한순간이라도 사람을 향해서는 안 된다. 실탄이 없더라도 말이다. 항상 총구 방향에 주의하는 일을 머즐 컨셔스(muzzle conscious) 또는 머즐 컨트롤(muzzle control)이라고 한다.

장난감 총이니까 상관없다고 생각하는 것도 금물이다. 장난감 총을 다룰 때부터 정확한 습관을 길러야 실제 총을 다룰 때도 그 습관이 이어진다. 총을 지니고 있을 때 누군가 총구 방향으로 걸어온다면 총구 방향을 틀어서 위나 아래를 향해야 한다. 이런 동작을 무의식적으로 할 수 있도록 훈련해야 한다.

총을 상자나 가방 등에 넣어 운반할 때는 괜찮지만 총을 꺼낼 때는 총구 방향에 주의한다. 또 사격할 때를 제외하고 방아쇠에 손가락을 넣어서는 안 된다. 사격장에서는 물론이고 작전 중에 언제 적이 나올지 모르는 상황에서조차 사격하는 순간까지 총구는 위나 아래로 향해야 하며, 검지는 곧게 펴서 총의 측면에 붙여야 한다.

총구 방향으로 사람이 다가오면 총구를 위나 아래로 향하게 한다. 이런 행동을 반사적으로 할 수 있도록 습관을 길러야 한다. 장난감 총을 가지고 놀 때부터 철저히 지키도록 한다.

사격장은 물론이고 전장에서도 목표를 쏘기 전까지 방아쇠에 손가락을 넣어서는 안 된다. 집게손가락을 펴서 총의 측면에 붙인다.

실탄의 유무 확인

스윙 아웃하거나 슬라이드를 당겨본다

총을 손에 들면 제일 먼저 실탄이 들어 있는지 확인한다. 어제 보관할 때 실탄이 없는 것을 확인했으니까 괜찮다는 생각은 금물이다. 총을 꺼낼 때 조건반사적으로 장전 여부를 살펴봐야 한다. 물론 이때도 총구가 사람이 있는 방향을 향해서는 안 된다.

리볼버는 오른쪽 그림처럼 스윙 아웃해 보면 된다. 중절식이면 총을 꺾어 약실을 확인한다. 자동 권총은 먼저 탄창을 빼고 슬라이드를 당겨서 약실 안을 살펴보고, 실탄 유무를 확인한다.

전투 상황이 아닌 경우 예를 들어 사격장에서 총을 들고 이동할 때 리볼버는 스윙 아웃하고, 중절식이라면 총을 꺾는다. 자동 권총은 탄창을 빼고 슬라이드를 전후로 왕복한 상태로 총구를 위나 아래로 향해서 들고 움직인다.

이런 상태라도 방아쇠에 손가락을 넣어서는 안 된다. 총구를 사람 쪽에 두지 않는 습관이나 쏘기 전까지 방아쇠에 손가락을 넣지 않는 습관은 조건반사로 몸이 기억해야 하기 때문에 총에 실탄이 없다는 것을 확인한 후에도 조건반사적으로 해야 할 행동이다. 총을 누군가에 건네줄 때도 마찬가지다.

예전의 퍼커션총이나 수석총, 화승총은 탄환과 화약을 총구로 넣는 전장식이기 때문에 실탄 유무 확인이 여의치 않다. 하지만 이동 시에는 총신을 잡고 총구가 사람을 향하지 않도록 위나 아래 방향으로 들어야 한다.

스윙 아웃 방식 리볼버는 스윙 아웃한다.　　　중절식 총은 꺾어서 확인한다.

자동 권총은 탄창을 제거하고 슬라이드를 당긴다. 약실을 살펴보고 사진처럼 실탄이 들어 있다면 제거한다.

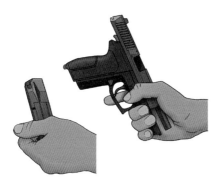

총을 손에 들고 이동 시, 자동 권총은 슬라이드를 후퇴 위치에 두고 탄창을 빼서 다른 사람이 볼 수 있도록 손에 든다. 리볼버는 스윙 아웃해서 든다.

5-03 눈과 귀의 보호
손으로 만져보고 확인한다

총을 쏠 때는 슈팅 보호안경과 귀마개를 한다. 만일 총이나 실탄에 결함이 있거나 총구에 이물질이 들어 있는 상태로 사격을 하면, 총이 부서지면서 파편이 튈 수 있기 때문이다. 아무런 문제가 없는 상태라도 총에 부착돼 있던 미세한 이물질이 충격으로 튀어 눈에 들어가면 위험하다. 특히 컴펜세이터(머즐 브레이크)가 달린 총은 종종 이런 일이 일어난다.

귀마개는 개방된 장소에서 혼자 사격한다면 그다지 필요하지 않다. 자신이 쏠 때는 사격 소리가 별로 크지 않다. 오히려 옆에서 발사할 때 발생하는 폭풍이 귀에 좋지 않으며 폭풍을 반사하는 물건이 부근에 있다면 귀가 아플 수도 있다. 그래서 사격장에서는 반드시 착용해야 한다. 컴펜세이터가 달린 총은 거기서 폭풍이 반사되기 때문에 소리가 크며, 옆에서 컴펜세이터가 달린 총을 사격할 때 귀마개를 하지 않으면 귀에 심각한 장애를 입을 수 있으니 주의한다.

혼자 사격하는 것이 아니라 둘 이상 일렬로 사격할 시에는 같은 선상에서 사격한다. 앞뒤로 떨어져 사격하면 총구 옆에 서 있는 사람은 위험하다.

사격을 개시하기 전에는 보호안경과 귀마개를 착용했는지 손으로 만져서 일일이 확인하자. 왜냐하면 착용하고 있다고 착각할 수도 있기 때문이다.

사격장에 들어가면 보호안경과 귀마개를 반드시 착용하고 일일이 만져서 확인
하자.

자신이 쏘는 총소리보다 옆 사람의 총소리가 더 크다. 특히 김펜세이터가 달린
총을 옆에서 쏘면 위험할 정도의 폭풍이 귀를 타격한다.

5-04 리볼버의 장전
스피드 로더를 사용하면 빠르다

나강이나 콜트 피스 메이커와 같은 구식총이나 전투용 총이 아니라면, 오늘날에도 로딩 게이트를 열고 한 발씩 장전하는 총이 있다. 이 방식은 실전에서는 너무나 불편해서 제1차 세계대전까지는 중절식 리볼버를 많이 사용했다. 중절식은 스윙 아웃 방식보다는 빨리 장전할 수 있지만, 강도 문제가 있어 오늘날에는 찾아볼 수 없다.

오늘날 리볼버 대부분은 실린더를 옆으로 꺼내는 스윙 아웃 방식이다. 필자가 S&W의 M686을 오른손에 들고 왼손에는 실탄 6발을 든 상태에서 장전을 해본 결과 약 10초가 걸렸다. 왼손으로 실탄의 머리 부분이 약실 방향으로 향하게 만드는 요령이 중요했다.

리볼버 실탄 6발을 한 번에 장전할 수 있는 스피드 로더(speed loader)라는 도구가 있다. 필자는 스피드 로더를 테이블 위에 놓은 상태에서 실린더를 스윙 아웃한 뒤 실탄을 장전하고 실린더를 닫을 때까지 약 5초 걸렸다.

또 콜트 M1917처럼 3발용 하프 문 클립(half moon clips) 2개를 사용하거나 S&W의 M940(5발 장전)처럼 풀 문 클립(full moon clips)을 이용해 한 번에 장전하기도 한다. 하지만 이들 도구는 애초에 사용할 수 있도록 설계한 총과 그렇지 못한 총이 있다.

리볼버 장전 순서

❶ 실린더 래치(cylinder latch)를 엄지로 눌러 실린더를 옆으로 꺼낸다.

❷-a 손가락으로 실린더에 한 발씩 장전하거나,

❷-b 스피더 로더로 6발을 한 번에 장전한다.

❸ 실린더를 닫는다.

5-05 자동 권총의 장전

대부분 탄창은 위에서 눌러 넣는다

오늘날 자동 권총의 탄창은 탈부착형 탄창이 기본이지만, 옛날에는 고정 탄창에 클립으로 급탄하는 방식도 있었다. 마우저 C96이 유명하고(후에 탈부착형 탄창도 만들어짐) 슈타이어 M1907도 이런 방식이다.

❶처럼 탄창 속에 실탄이 상하 일렬인 형태를 싱글 칼럼(single column)이라고 한다. ❷나 ❸처럼 2열인 형태는 더블 칼럼(double column)이다.

실탄을 삽입하는 부분을 살펴보면 실탄이 빠져나오지 않게 막고 있는 부분이 있는데, 이곳을 립(rib)이라고 한다.

립이 실탄 하나만 막고 있는 것을 싱글 피드(single feed)라고 하고, 립까지 2열로 된 것을 더블 피드(double feed)라고 한다. 자동 권총 탄창 대부분은 싱글 칼럼·싱글 피드지만, 최근 군용 권총에는 더블 칼럼이 많아지는 추세다.

라이플은 더블 칼럼·더블 피드가 많지만, 권총은 더블 칼럼에도 싱글 피드가 대부분이며 더블 피드를 사용하는 권총은 마우저 C96이나 스테츠킨, FN Five-seveN 정도다. 더블 피드 탄창에 실탄을 삽입할 때는 ❺처럼 단순히 위에서 실탄을 눌러 넣으면 되지만, 싱글 피드(즉 자동 권총 대부분)는 ❹처럼 립 앞에 드러나 보이는 실탄을 누른 후, 뒤로 밀어 넣어야 한다.

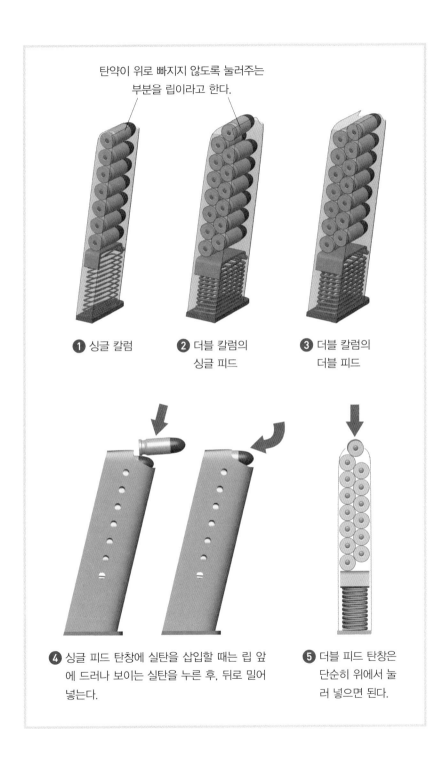

탄약이 위로 빠지지 않도록 눌러주는 부분을 립이라고 한다.

① 싱글 칼럼

② 더블 칼럼의 싱글 피드

③ 더블 칼럼의 더블 피드

④ 싱글 피드 탄창에 실탄을 삽입할 때는 립 앞에 드러나 보이는 실탄을 누른 후, 뒤로 밀어 넣는다.

⑤ 더블 피드 탄창은 단순히 위에서 눌러 넣으면 된다.

5-06 탄창 교환
슬라이드 스톱이 없는 자동 권총도 있다

요즘 자동 권총은 장전된 실탄을 모두 쏘고 나면 자동으로 슬라이드 스톱 (slide stop)이 걸려 슬라이드가 후퇴 위치에서 정지한다. 이 상태에서 매거 진 캐치(magazine catch)를 눌러 탄창을 빼더라도 슬라이드는 후퇴 상태다. 새로운 탄창을 끼워 슬라이드 스톱을 누르면 슬라이드가 전진하고, 탄창에 서 실탄이 약실로 장전돼 발사 준비 완료 상태가 된다. 구식 자동 권총에는 이런 기능이 없다.

실탄을 소진하면 슬라이드가 후퇴 위치에서 정지하지만, 이는 슬라이드 스톱 덕분이 아니라 매거진 플로어(magazine floor), 즉 탄창 속에서 실탄을 누르고 있던 부품이 올라와 슬라이드가 걸린 상태일 뿐이다. 루거 P08, 14 년식, 브라우닝 M1910, 발터 PPK 등이 대표적이다. 이런 총은 탄창을 빼 면 슬라이드가 전진하기 때문에 새 탄창을 넣은 후 손으로 슬라이드를 당 겨야 한다.

원래 이런 총도 수동 슬라이드 스톱이 있어 탄창을 빼기 전에 슬라이드 스톱을 손가락으로 눌러 탄창을 제거하면 되지만, 그만큼 시간을 허비한 다. 짧은 시간이지만 전장에서는 목숨이 걸린 문제다.

물론 6발 내외로 결판을 내지 못하면 목숨이 위태로워지는 리볼버와 비 교한다면, 그 정도 시간은 그리 중요한 문제가 아닐 수도 있다. 다시 말해, 상황에 따라 총을 선택하는 일은 개인이 판단할 몫이다.

대부분 자동 권총은 마지막 한 발을 쏘면 슬라이드가 후퇴 위치에서 멈춘다.

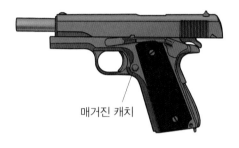

매거진 캐치

탄창을 빼도 슬라이드는 전진하지 않는다.

슬라이드 스톱

구식은 수동으로 슬라이드 스톱을 걸지 않고 탄창을 제거하면 슬라이드가 전진하는 종류도 있다.

슬라이드 스톱

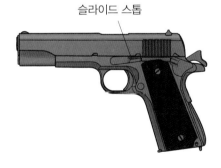

실탄이 든 새 탄창을 장착해 슬라이드 스톱을 누르면, 슬라이드는 용수절의 힘으로 진진하며 실탄을 약실로 보낸다.

5-07 사격 중단과 종료
탄창을 빼고 슬라이드를 연다

탄창이 비면 슬라이드는 후퇴 위치에서 멈춘다. 그러나 실탄이 남은 상태에서 사격을 중단하고자 한다면, 표적을 향한 총구를 그대로 두고 탄창을 떨어트리지 않도록 주의하며 뺀다. 이때 슬라이드는 전진 위치이며, 약실에는 실탄이 들어 있어서 방아쇠를 당기면 탄환이 발사된다.

다음으로 슬라이드를 당겨서 약실 속의 실탄을 제거한다. 숙련자라면 배출되는 실탄을 손으로 잡을 수도 있지만, 이런 생각은 버리는 것이 좋다. 실탄이 바닥에 떨어지더라도 안전이 우선이다. 탄창을 제거한 자동 권총은 슬라이드를 후퇴시켜도 슬라이드 스톱이 자동이 아니므로 손으로 슬라이드 스톱을 눌러서 슬라이드를 후퇴 위치에 고정한다.

리볼버도 표적을 향한 총구를 그대로 두고 스윙 아웃을 하거나 중절식은 총을 꺾어서 탄피나 쏘지 않은 실탄을 제거한다. 사격을 일시 중단하고 곧장 재개한다면 총을 그 자리에 둔다. 사격을 종료했다면, 사격 개시 전에 총을 가지고 왔을 때처럼 탄창을 빼고 슬라이드를 후퇴로 고정한 상태(리볼버는 스윙 아웃, 중절식은 총을 꺾은 상태)로 이동한다. 이때도 총구를 위나 아래로 두고, 사람을 향하지 않도록 주의하며 이동한다. 총기를 수납하는 곳에 도착하면 슬라이드를 전진하거나 실린더를 닫고 격철을 쓰러트린다. 물론 이때도 총구 방향을 주의한다.

사격을 중단할 때 탄창을 제거해도 약실에 실탄이 있다.

슬라이드를 당겨서 약실의 실탄을 제거한다.

매거진 캐치

떨어트리지 않도록 손으로 받친다.

탄창이 빠져 있으면 슬라이드는 자동으로 멈추지 않는다. 수동으로 슬라이드 스톱을 눌러야 한다.

총을 수납할 때까지 총구가 사람을 향해서는 안 된다.

불발과 지연 발사

불발? 10초 정도 대기하자

만약 사격 연습 중 불발됐다면 총구를 전방에 향한 채로 약 10초간 기다려 보자. 어쩌면 10초 정도 지연 발사될 수도 있다.

목숨이 위태로운 전장이라면 지체없이 슬라이드를 당겨서 불발탄을 제 거한다. 리볼버라면 싱글 액션은 격철을 젖히고 더블 액션은 방아쇠를 당 겨서 실린더를 돌린다. 더블 액션 자동 권총은 방아쇠를 당기면 한 번 더 뇌관을 타격할 수 있지만, 불발탄의 뇌관을 한 번 더 타격한다고 해서 다시 발화할 가능성은 거의 없다.

배출된 실탄이 총 밖에서 발화하면 화약이 완전히 연소하기 전에 탄두 가 빠지거나 탄피가 갈라진다. 위험하지만 치명적인 상처를 줄 정도로 살 상력이 있는 것은 아니다.

리볼버의 지연 발사는 실린더가 도는 도중에 발생할 수도 있다. 이때는 실린더가 파열되거나 총이 부서진다. 그러나 실제로 이런 일이 일어날 확 률은 거의 없다. 실전에서는 주저하지 말고 다음 실린더로 돌리면 된다.

이런 멍청한 짓은 금물

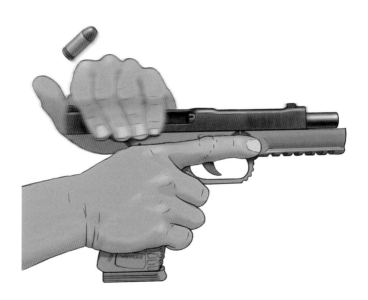

목숨이 걸린 전장이라면 지연 발사는 걱정하지 말고 슬라이드를 당겨야 한다.

5-09 괌의 사격장
월드건과 GOSR

비교적 쉽게 이용할 수 있는 해외 사격장은 괌에 있다. 괌의 투몬(Tumon) 거리를 걷다 보면 '실탄 사격'이라는 간판을 건 가게들이 있다.

이들 사격장은 완전 초보자를 위한 체험장이기 때문에 본격적으로 사격에 취미를 붙인 사람이나 이 책을 보고 모형총을 사서 조작해 본 사람에게는 다소 부족할 수 있다. 표적 앞에 서면 강사가 실탄이 든 총을 건네주기 때문에 고객은 그저 방아쇠만 당기면 된다. 참고로 여기서는 화약량을 줄인 실탄을 사용한다.

본격적인 사격이 가능한 곳을 소개하자면 월드건(Would Gun)과 GOSR이 있다. 둘 다 사전 예약제이며 호텔까지 셔틀을 운행한다. 옥외 사격장이기 때문에 원한다면 약 50m 거리까지 사격할 수 있다.

초보자에게는 GOSR을 추천한다. 가이드가 붙어서 실탄을 장전하는 것부터 알려주기 때문이다. 월드건도 가이드가 설명해 주지만 손님이 많더라도 가이드는 한 명뿐이다.

그러나 월드건이 실탄 지급수도 많고 표적과의 거리를 마음대로 선택할 수 있으며 특이한 총도 많다. 사격장이라기보다는 넓은 공터에서 적당히 표적을 세워놓고 쏘는 느낌이다. 이 때문에 월드건은 마니아들이 좋아하는 사격장이다.(2022년 현재 월드건은 영업을 하지 않는 것으로 보인다.-편집자주)

월드건이 소장한 총기는 굉장하다. 12.7×99mm탄(50BMG)을 사용하는 바렛 (Barrett) M82A1을 비롯해 오래된 총기까지도 구경할 수 있다.

콘크리트 블록 표적(위), 아래는 물통이나 볼링핀

월드건의 사격장. 표적과 거리를 마음대로 정해서 즐길 수 있다.

설비가 좋은 GOSR

미션을 수행하고 기지로 복귀한 후

전장(공식적으로 전장이 아니라고 해도 PKO 등 무기를 사용할 가능성이 높은 경우)에서 정찰 같은 작전을 수행하고 기지로 돌아왔다면, 기지 입구에서 총에 장전한 실탄을 제거한다. 보통 급박한 긴장 상황이 아닌 이상 기지로 돌아오는 길에는 탄창에 실탄이 있지만, 총에는 장전하지 않은 상태로 이동한다.

그러나 기지 입구에 들어서면, 만일의 경우를 대비해 탄창을 제거하고 슬라이드를 당겨서 약실을 살펴본 뒤 비어 있는지 확인한다. 마지막으로 안전한 방향으로 총을 겨눠 방아쇠를 당겨본다. 이때 안전한 방향이란 어디일까?

요즘 군대에서는 드럼통이나 큰 비료 부대 같은 곳에 모래를 절반가량 넣어두고 거기에 총구를 두고 방아쇠를 당긴다.

탄창을 빼고 약실이 비었는지 확인한 후, 만일을 대비해 안전한 방향으로 총을 겨눠 방아쇠를 당긴다.

제6장

사격술

# 6-01 권총 쥐는 법
총신과 팔을 일직선에 둔다

권총을 쥐는 기본자세는 이렇다. 팔과 손을 곧게 펴서 엄지손가락과 검지로 V자를 만들어 거기에 권총을 끼우고, 나머지 손가락을 쥐어서 팔과 총신이 일직선이 되게 한다. 방아쇠를 당기는 검지는 지문 중심이 방아쇠에 닿으면 되고, 손가락의 다른 부분이 총에 닿지 않도록 한다. 그렇지 않으면 방아쇠를 당길 때 총이 움직인다.

손이 작거나 손가락이 짧으면 방아쇠에 검지의 지문 중심이 닿지 않는 경우가 있다. 이때는 방아쇠를 똑바로 당길 수 없어 총을 쏘는 순간, 총이 옆으로 기울어 탄착점도 옆으로 기운다.

이런 상황을 모면하기 위해 방아쇠 쪽으로 검지를 깊숙이 넣으면, 이번에는 팔과 총신이 일직선이 되지 않아 기울어진 각도로 총을 잡게 된다. 이런 자세는 총의 반동이 정확히 뒤를 향하지 않기 때문에 이 또한 탄착점이 옆으로 기우는 원인이 된다. 어느 쪽을 우선시할지는 실제로 총을 쏴보고 자신에게 맞는 방식을 찾을 수밖에 없다. 애초에 자신에게 맞는 총을 고르는 것도 중요하다.

반대로 손이 큰 사람이 작은 총을 쏠 때는 그립이 헐거워서 쏠 때마다 그립이 움직인다. 그리고 엄지손가락과 검지의 V자는 총의 기능을 저해하지 않는다면(예를 들어 슬라이드의 후퇴나 격철 등의 움직임을 간섭하는 일) 가능한 한 그립의 윗부분을 쥐는 것이 좋다. 윗부분을 쥐는 것이 발사 반동 시 총이 튀는 현상을 줄일 수 있다.

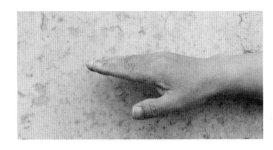

엄지손가락과 검지로
V자를 만든다.

V자에 권총을 끼우고
팔과 총신을 일직선
으로 만든다.

손에 비해 총이 크다
면 방아쇠에 손가락
이 완전히 걸리지 않
을 수 있다.

손이 작은데 큰 방아
쇠에 손가락을 걸면
총신과 팔이 일직선
을 이루지 않는다.

6-02 양손으로 권총 쥐는 법
실전에서는 양손을 사용한다

총은 한 손으로 쥐는 것보다 양손으로 쥐는 것이 훨씬 안정적이고 명중률도 높아진다. 그래서 실전에서는 가능한 한 양손으로 쥐고 사격한다. 양손으로 쥐면 총신과 팔이 일직선을 이루지 않더라도 상관없다.

양손으로 사격 자세를 취할 때는 총을 쥔 오른손의 중지, 약지, 새끼손가락 위에 왼손의 엄지 이외의 네 손가락을 겹쳐서 총의 그립 왼쪽을 감싼다.

쥐는 강도는 오른손 4, 왼손 6 정도로 왼손을 더 세게 잡는다. 이는 라이플 사격에서 오른손에 힘을 넣지 않는 것과 마찬가지로 방아쇠를 당기는 쪽 손의 근육에 가능한 한 긴장을 주지 않아야 검지를 정확히 움직일 수 있기 때문이다.

위에서 본 모습

옆에서 본 모습

권총의 그립이 보이지 않도록 양손으로 그립을 감싸는 것이 좋다.

양쪽 다 추천할 수 없다. 왼쪽처럼 손바닥 위에 그립을 올려놓는 방식을 컵 언더 소서(cup on the saucer)라고 한다.

트리거 가드에 왼손의 검지를 거는 방식은 총과 손의 크기에 따라 좋거나 나쁠 수 있다.

총이 작다면 왼손의 엄지로 오른손 엄지를 감싸는 방법도 있다.

6-03 리볼버 쥐는 법
실린더 갭의 가스를 주의한다

리볼버는 대부분 아래 사진(상단 사진)처럼 오른손 엄지를 왼손 엄지로 감싸듯이 쥔다. 그러나 손이 작거나 총이 크다면 왼손으로 그립 전체를 감쌀수 없기 때문에 하단 사진처럼 잡는다.

오른손 엄지를 왼손 엄지로 감싸듯이 잡는 법

오른손 엄지를 왼손 엄지로 감쌀 수 없을 때는 왼손을 오른손에 보태서 잡는다.

이처럼 리볼버를 쥘 때 왼손 검지를 앞으로 내밀면 실린더와 총신 사이(실린더 갭)에서 뿜어져 나오는 화약 가스로 손가락을 다친다.

초보자도 정확한 자세로 쥔다면 357 매그넘 정도는 별문제 없이 쏠 수 있다.

6-04 포인트 숄더
올림픽 권총 사격 경기의 자세

포인트 숄더(point shoulder)는 총을 한 손에 들고 팔을 어깨높이로 곧게 뻗은 자세다. "권총은 한 손으로 쏘도록 설계된 총이다. 그래서 권총 사격 경기에서는 권총을 한 손에 들고 쏴야 한다."

이런 이유로 올림픽 같은 권총 사격 경기에서는 이 자세를 고수하지만, 실전에서는 20세기 후반에 폐기된 고전적인 자세다. 실전에서 한 손으로 쏘는 경우도 있고, 올림픽 경기용 자세이기도 하니 살펴보도록 하겠다.

먼저 양다리의 위치는 어깨넓이보다 조금 넓게 벌린다. 프리 피스톨(free pistol) 경기에서는 양다리의 중심점을 잇는 선이 위에서 봤을 때 총축선(조준선)과 거의 일치해야 한다.

래피드 파이어 피스톨(rapid fire pistol) 경기(표적 5개를 단시간에 순차적으로 사격)에서는 가장 오른쪽 표적을 조준한 상태에서 양다리의 중심점을 잇는 선이 조준선에서 오른쪽으로 10도 내외로 기울어져야 한다.(표적 5개를 쏘려면 어깨만 좌우로 움직이고 다리 위치는 바꾸지 않음) 몸은 왼쪽으로 기울어져 있어 정면에서 보면 머리가 왼쪽 다리 위에 위치하는 모양새다. 총을 든 팔은 일직선으로 뻗는다. 왼손은 허리를 잡거나 바지 주머니에 넣는다.

전투 시에는 이처럼 고정된 자세로 한 손 사격이 거의 불가능하며, 필요에 따라 양손으로 잡거나 탄창 교환 등이 편하도록 가슴이나 배 정도의 높이에서 사격한다.

포인트 숄더 자세

총축선

10도 내외

한쪽 눈(그림은 오른쪽 눈)과 표적을 잇는 직선(총축선)과 양다리를 잇는 직선이
교차하는 각도는 10도 내외다.

6-05 위버 스타일
라이플의 서서 쏴 자세를 권총으로

위버 스타일(weaver style)은 먼저 양다리를 어깨넓이보다 다소 넓게 벌린다. 이때 양 발끝을 잇는 선은 총축선에 대해 약 45도다. 총을 든 오른팔은 목표를 향해 똑바로 뻗고, 왼팔은 팔꿈치를 굽혀서 옆구리 쪽으로 오므린다. 이 자세는 몸을 한쪽으로 틀기 때문에 적을 만났을 때 자신의 노출 면적이 작다는 특징이 있다.

정면에서 본 위버 스타일. 왼팔이 자신의 심장을 방어한다.

위버 스타일은 안정적인 자세지만, 좌우로 넓게 포진된 복수의 표적을 쏘기에
는 불편하다. 이런 이유로 21세기가 되자 전투 사격술의 주류에서 제외됐다.
그러나 장점도 있어서 상황에 따라 취해도 괜찮은 자세다.

6-06 이등변 자세
오늘날 전투 사격의 주류

이등변 자세는 20세기 말부터 사용해 오늘날 전투 사격 자세의 주류가 됐다. 위에서 보면 몸의 정면과 양팔이 이등변 삼각형을 이루며, 양다리는 어깨보다 다소 넓게 벌린다. 영어로 이등변은 아이사서리즈(isosceles)이기 때문에 아이사서리즈 스타일이라고 한다. 이대로는 반동에 대처할 수 없기 때문에 반동 흡수와 상반신의 좌우 움직임을 원활히 하기 위해 양 무릎을 다소 굽힌다.

좌우에 있는 목표를 조준할 때는 팔을 움직이는 것이 아니라 상반신 전체를 움직여 조준한다. 양팔은 완전히 펴지 않고 팔꿈치를 다소 굽힌다. 팔을 완전히 펴면, 발사 반동으로 총이 튈 때 큰 각도를 그리면서 두 발째 사격 시 다시 조준하는 데 시간이 많이 걸리기 때문이다. 팔꿈치를 구부리면 반동으로 총이 튀어 오르는 각도를 줄일 수 있다.

반동을 흡수하고 다음 동작을 유연하게 하려고 오른발을 조금 뒤로 빼고 위버 스타일과 유사한 자세로 전환할 수도 있다.

그런데 반동을 지나치게 줄이는 자세는 자동총의 작동 불량을 일으키는 원인이 될 수도 있다. 자동총을 정확하게 작동하기 위해서는 반동을 올바르게 받아낼 수 있어야 한다. 이처럼 반동을 어느 정도 받아내고 어느 정도 흡수해야 하는지 알기 위해서는 실제로 사격을 해보는 수밖에 없다.

오늘날 전투 사격의 주류인 이등변 자세

이등변 자세를 위에서 본 그림. 이등변 삼각형 모양이다.

6-07 무릎 쏴 자세

안정적으로 사격한다

무릎 쏴(닐링. kneeling) 자세는 로 닐링(low kneeling), 하이 닐링(high kneeling), 아이사서리즈 닐링(isosceles kneeling)으로 나눌 수 있다.

먼저 로 닐링은 라이플 사격의 무릎 쏴 자세와 마찬가지로 왼쪽 무릎을 세우고 오른쪽 무릎을 지면에 붙여 오른쪽 발뒤꿈치에 엉덩이를 올리는 자세다. 총을 위버 스타일처럼 잡고 왼쪽 팔꿈치를 왼쪽 무릎 위에 올린다. 이 자세는 표적이 멀거나 정밀 사격이 필요할 때 추천할만하다. 그러나 근거리에서 복수의 적이나 이동하는 적을 사격하기에는 적합하지 않다.

로 닐링

하이 닐링은 왼쪽 무릎을 세우고 엉덩이를 오른발에 붙이지 않는다. 양 팔은 아이사서리즈 닐링 자세를 취하기도 하고, 위버 스타일과 같은 자세를 취하기도 한다. 마지막으로 아이사서리즈 닐링은 이등변 자세에서 무릎을 꿇은 자세로 안정성은 떨어지지만, 다른 자세보다 총구 방향을 자유자재로 움직일 수 있다.

하이 닐링

아이사서리즈 닐링

6-08 크라우칭과 엎드려 쏴 자세

순간 대처와 방어에 유리하다

크라우칭(crouching)은 몇 미터 안 되는 매우 가까운 거리에서 갑자기 적과 조우했을 때 조준할 틈도 없이 권총을 꺼내 그대로 허리 높이에서 발사하는 자세다. 등을 고양이처럼 웅크린다. 크라우칭이라는 말은 고양이 등 자세에서 비롯했다.

먼저 총을 든 오른손의 팔꿈치를 몸의 우측면에 붙인다. 두 다리는 기본적으로 어깨보다 조금 벌리고 발끝을 잇는 선은 총축선의 직각이 되게 한다. 물론 현실적으로 보행 중 갑자기 사격을 해야 하는 자세이기 때문에 발끝 각도와 두 다리의 넓이는 상황에 따라 다르다.

크라우칭

엎드려 쏴 자세는 지면에 엎드린 채 사격을 하는 자세다. 이 자세는 상대방의 공격을 최소화할 수 있다. 즉 적의 총격을 방어하는 장점이 있다. 그러나 좌우로 총을 조준하는 유연성이 떨어지고, 라이플 사격과 달리 정밀도가 우수하다고 할 수 없다.

엎드려 쏴 자세는 총축선과 몸축선이 일직선인 자세와 총축선과 몸축선에 각도를 주는 자세가 있다. 적의 공격 범위를 최소화하려면 일직선이 좋지만, 엄폐물을 이용할 수 있다면 각도를 주는 편이 유리하다.

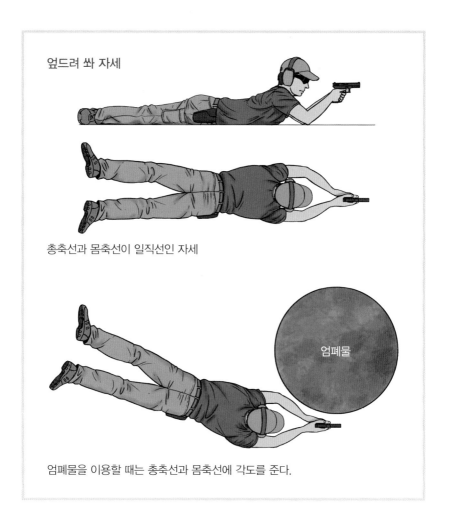

엎드려 쏴 자세

총축선과 몸축선이 일직선인 자세

엄폐물

엄폐물을 이용할 때는 총축선과 몸축선에 각도를 준다.

6-09 방향 전환
중심을 낮춰 허리에 안정감을 준다

정면을 기준으로 좌우 45도 이내의 목표를 사격할 때는 정면을 바라보는 자세에서 상반신만 움직인다. 45도가 넘을 때는 몸의 방향을 90도 회전하거나 총을 한 손에 드는 포인트 숄더(6-04 참고) 자세로 전환한다. 목표가 왼쪽이라면 총은 왼손에 든다.

좌우 45도 이내의 방향 전환

정면을 기준으로 좌우 45도 이내의 목표를 사격할 때는 정면 방향 자세에서 상반신만 움직여 대응한다.

45도 이상의 방향 전환

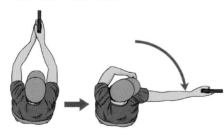

사격 방향이 45도가 넘을 때는 발의 방향을 바꾸지 말고, 총을 한 손에 드는 포인트 숄더로 대응(목표가 왼쪽이라면 총을 왼손에 든다.)하거나 발 위치를 바꿔 몸의 방향을 전환하는 방법이 있다.

몸의 방향을 전환해서 양손 사격할 때 목표가 오른쪽이라면 오른발을 축으로 왼발로 괄호를 그리듯 회전해 오른쪽으로 전환한다. 목표가 왼쪽이라면 왼발을 축으로 오른발로 괄호를 그리듯 회전해 왼쪽으로 전환한다.

목표가 뒤에 있다면 오른발을 축으로 왼발로 괄호를 그리듯 한 번에 180도 회전하거나 90도만 회전하고 총을 한 손에 들어 추가로 90도를 벌려 대응한다.

발 위치를 바꿔 몸의 방향을 전환한다

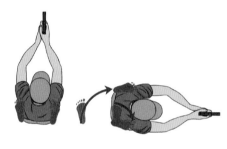

몸의 방향을 전환해서 양손 사격할 때 목표가 오른쪽이라면 오른발을 축으로 왼발로 괄호를 그리듯 회전해 오른쪽으로 전환한다. 목표가 왼쪽이라면 왼발을 축으로 오른발로 괄호를 그리듯 회전해 왼쪽으로 전환한다.

몸의 방향을 180도 전환할 때

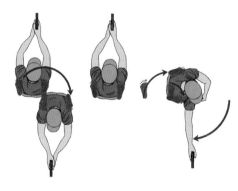

목표가 뒤에 있다면 오른발을 축으로 왼발로 괄호를 그리듯 한 번에 180도 회전하거나 90도만 회전하고, 총을 한 손에 들어 추가로 90도를 벌려 대응한다.

6-10 사격 자세를 취한 상태에서 이동
넘어지지 않도록 주의한다

전투 시 사격 자세를 취한 상태로 이동할 때는 언제든지 사격할 수 있는 안정된 상체를 유지하기 위해 이동 폭을 작게 한다. 무릎은 사격할 때보다 더 굽히고 고양이처럼 등을 숙이며 보폭을 줄인다. 발끝을 들어 발을 내딛는데 이때 발뒤꿈치부터 지면에 닿도록 하면 무언가에 걸려 넘어지는 것을 방지한다.

신중하게 전진할 필요가 있을 때는 먼저 왼발을 앞에 내디디고 다음으로 오른발을 왼발의 오른쪽 뒤까지 끌어당긴다는 느낌으로 천천히 움직인다.

전방을 응시한 채 오른쪽으로 이동할 때는 먼저 오른발을 오른쪽으로 내디디고 다음으로 왼발을 오른발 근처까지 끌어당기듯이 이동한다. 반대로 왼쪽으로 이동할 때는 먼저 왼발을 왼쪽으로 내디디고 오른발을 왼발 근처까지 끌어당기듯이 이동한다. 전방을 응시한 채 뒤로 이동할 때는 먼저 오른발을 뒤로 내디디고 다음으로 왼발을 오른발의 왼쪽 앞까지 끌어당긴다는 느낌으로 이동한다.

급히 움직일 때는 좌우 다리가 교차하며 걸어도 좋지만, 이때는 넘어지기 쉽기 때문에 주의한다. 발을 뒤로 내밀 때는 발뒤꿈치를 들고 발끝은 바닥을 끌 듯이 지면과의 간격을 줄여 발끝부터 착지한다. 이 또한 넘어지는 것을 최대한 방지하기 위해서다.

신중히 살금살금 앞으로 이동하는 요령

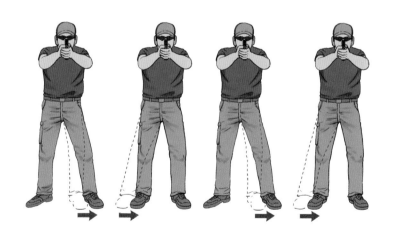

신중히 옆으로 이동하는 요령

6-11 엄폐물의 이용
가능한 한 노출 면적은 작게

위버 스타일(6-05 참고)은 엄폐물의 오른쪽에서 사격할 때 몸의 노출 면적이 작고 안정적이기 때문에 유리하다. 엄폐물의 왼쪽에서 사격할 때 오른손잡이라면 왼손잡이처럼 왼손에 총을 드는 위버 스타일로 바꿔야 한다. 이는 연습을 많이 하지 않으면 원활한 사격을 기대하기 힘들다.

아이사서리즈 스타일(6-06 참고)은 위버 스타일보다는 좌우 대응이 편하지만 노출 면적이 커질 수밖에 없다. 이 때문에 상반신을 기울여 몸을 가능한 한 조금만 내민다. 이때 다리가 엄폐물에서 벗어나기 쉽기 때문에 주의해야 한다. 엄폐물을 이용한 사격을 하려면 상반신을 기울인 상태에서 사격하는 연습을 많이 해야 한다.

자동차 몸체는 엄폐물로 부적절하다. 라이플은 물론이고 9mm 루거 정도의 권총탄으로도 관통되기 때문이다. 다만 엔진 쪽은 관통되지 않기 때문에 엄폐물로 사용할 수 있다. 콘크리트 블록으로 된 담벼락은 라이플탄의 엄폐물로는 부적절하지만, 권총탄이라면 엄폐물로 사용할 수도 있다.

흙이나 모래주머니는 방탄재로 매우 효과적이다. 물이나 액체가 들어있는 드럼통도 엄폐물로 사용할 수 있으며, 드럼통처럼 크지 않더라도 두께가 10여 cm에 달하는 물 벽은 총탄을 대부분 막아내거나 치명상을 입지 않을 정도로 무력화한다. 그리고 책이 의외로 방탄재로 우수한 역할을 하는데, 10cm 정도로 책이 쌓여 있다면 대부분 권총탄은 관통할 수 없다.

엄폐물의 오른쪽
에서 위버 스타일

엄폐물의 왼쪽에
서 아이사서리즈
스타일

다리가 노출되기 쉽기 때문에 주의하자. 몸을 기울인 채로 사격하는 훈련이 필
요하다.

자동차 몸체는 방탄재로 부적합하다. 엔진 뒤를 이용하자. 다만 차체가 적의 발
사 각도에서 비스듬히 있다면 자동차 몸체가 탄환을 튕겨내기도 한다.

6-12 탄창 교환
전투 중 탄창 교환 요령

탄창집은 기본적으로 왼쪽 배 부근에 둔다. 탄창집에 탄창을 넣을 때는 탄창 바닥을 위로 해서 탄두가 오른쪽(총을 들고 있는 손 방향)으로 향하도록 한다. 탄창을 뺄 때는 검지로 탄창집의 외측을 감싸면서 빼고, 빠진 탄창 윗부분의 탄두 부근에 손가락 끝이 닿도록 쥔다. 이처럼 손가락 끝이 탄두 부근에 닿아 있으면 손의 느낌만으로 탄창을 총에 장착할 수 있다.

탄창을 교환하거나 탄창 멈춤 버튼을 누를 때는 총이 완전히 정면을 향하는 것보다 다소 왼쪽을 향하는 것이 조작하기 수월하기에 왼쪽 전방에 아군이 없다면 총을 다소 왼쪽으로 기울여도 좋다. 이때 눈은 적이 출몰할 수 있는 방향을 응시한 채 시야에는 자기 총의 가늠쇠가 보여야 한다.

전투 시 탄창 교환은 약실에 한 발 남았을 때 실시한다. 그래서 몇 발을 쐈는지 기억해 두는 것이 좋지만, 기억나지 않는다면 탄창에 실탄이 아직 여유가 있을 때 빨리 교환하는 것이 좋다.

탄창을 교환할 때는 가능한 한 엄폐물에 숨든가 무릎 쏴 자세로 노출 면적을 최소화한다. 새 탄창을 꺼내면 탄두가 아래 방향을 향하게 들고, 탄창 바닥은 뒤를 향하게 한다. 이때 탄창 바닥은 총에 들어 있는 탄창의 바닥 근처로 가져온다. 매거진 캐치를 눌러 총에 든 탄창을 빼 들면 자연스럽게 새 탄창과 L자 모양을 이룬다. 이후 뒤로 90도 빙글 돌려서 새 탄창을 삽입한다.

전투 중 탄창 교환 요령

약실에 한 발 남았지만, 탄창은 비었
거나 남은 실탄이 별로 없는 상태다.

새 탄창을 총 아래에 들고 매거진 캐
치를 누른다.

빠지는 빈 탄창을 손에 쥔다.

90도 빙글 돌려 새 탄창을 삽입한다.

6-13 싱글 액션 리볼버
오늘날에는 스포츠용으로만 사용한다

자동 권총은 100년 전에도 존재했다. 싱글 액션 권총은 150년도 더 됐지만, 지금 싱글 액션 권총은 검도나 양궁처럼 실전용이 아닌 스포츠용으로 남았다. 세부 종목도 다양한 편이다. 이와 관련해 상세히 설명된 책도 많고, 필자는 관련 지식이나 경험이 없기에 싱글 액션 권총에 대해서는 조금만 소개하도록 하겠다.

패스트 드로(fast draw)는 서부 영화의 결투 장면에서 볼 수 있는 빨리 쏘기가 스포츠화한 경기다. 일본에서도 모형총이나 공기총을 사용해 경기를 개최한다. 패스트 드로가 빠른 사람은 의외로 홀스터를 높이 차고 있는 경우가 많다. 그리고 총을 뽑을 때 허리를 젖혀 상반신을 뒤로 보내는 행동을 한다. 이는 총을 위로 뽑을 뿐만 아니라 허리를 이용해 홀스터를 아래로 내리는 동작을 동시에 할 수 있기 때문이다.

싱글 액션총을 빨리 연속 사격하는 동작을 패닝(fanning)이라고 한다. 보통은 오른손으로 총을 들고 엄지로 격철을 젖혀서 쏘는 것이 기본이지만, 오른쪽 그림처럼 왼 손바닥을 이용해 격철을 세워서 패닝하기도 한다. 이때 방아쇠는 계속 당긴 상태이며, 왼손으로 격철을 순간적으로 젖히는 동작을 반복한다.

패닝은 발사 속도가 빠를지 몰라도 조준이 거의 불가능하다. 조금 더 현실적인 동작으로 서밍(thumbing)이라는 동작이 있는데, 이는 양손으로 총을 잡고 왼손 엄지로 격철을 젖히는 동작을 말한다.

세계 기록은 신호 램프가 켜진 후 풍선이 터지는 시간까지 0.252초. 자신이 시작 버튼을 누르고 버튼에서 손에 뗀 후 발포음이 들리는 시간까지는 0.06초다.

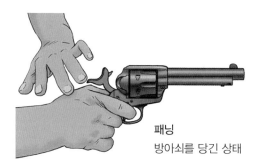

패닝
방아쇠를 당긴 상태

서밍

쌍권총은 영화를 위한 설정이다?

서부 영화를 보면 주인공이 쌍권총을 들고 싸우는 장면이 종종 등장한다. 그러나 사람은 목표 2개를 동시에 조준할 수 없다. 아무리 빨리 좌우의 권총을 연달아 발사해서 목표에 명중시킨다고 해도 한 정씩 조준해서 발사해야 한다. 이 때문에 쌍권총은 별 의미가 없다. 쌍권총은 한쪽 총의 탄약을 소진했을 때를 대비해 다른 손에 예비로 총을 하나 더 들고 있는 것에 지나지 않는다.

가까운 거리에 있는 풍선을 쌍권총으로 맞히는 쇼가 있지만, 이는 근거리이기 때문에 발사 폭풍으로 풍선이 터지는 것이지 조준해서 맞히는 것은 아니다.

말 위에서 쌍권총으로 싸우는 것은 거의 불가능하다. 말을 조종할 수 없기 때문이다.

제7장

홀스터

7-01 홀스터 개론
장착 위치에 따른 분류

평소 권총을 들고 이동할 때는 홀스터가 필요하다. 주머니에 넣으면 주머니가 금세 찢어지고 총을 꺼내기도 쉽지 않기 때문이다. 군인은 국제법상 무기가 보이도록 휴대해야 하므로 옷 밖으로 총을 장착할 수 있는 홀스터를 사용한다.

홀스터는 장착 위치에 따라 몇 가지로 구분한다. 먼저 숄더 홀스터(shoulder holster)는 어깨에 매달아 총이 옆구리 근처에 있도록 한다. 이 홀스터는 사복 경찰이나 첩보원 등이 양복을 입고 있을 때 많이 사용하는데, 군대에서는 비행기 조종사나 전차병이 옷 밖으로 숄더 홀스터를 착용한 모습을 볼 수 있다.

허리띠 근처에 위치하는 것을 힙 홀스터(hip holster)라고 한다. 또 허리띠에 매달고 흔들리지 않도록 벨트로 허벅지에 고정한 것을 레그 홀스터(leg holster) 또는 사이 홀스터(thigh holster)라고 하며, 발목에 있는 것은 앵글 홀스터(angle holster)라고 한다.

서부 영화에서 카우보이가 사용하는 홀스터는 위치상 힙 홀스터 또는 레그 홀스터지만 별도로 웨스턴 홀스터(western holster)로 분류한다. 여성의 브래지어에 장착해 가슴골에 권총을 숨기는 방법도 있다.

각종 홀스터의 명칭

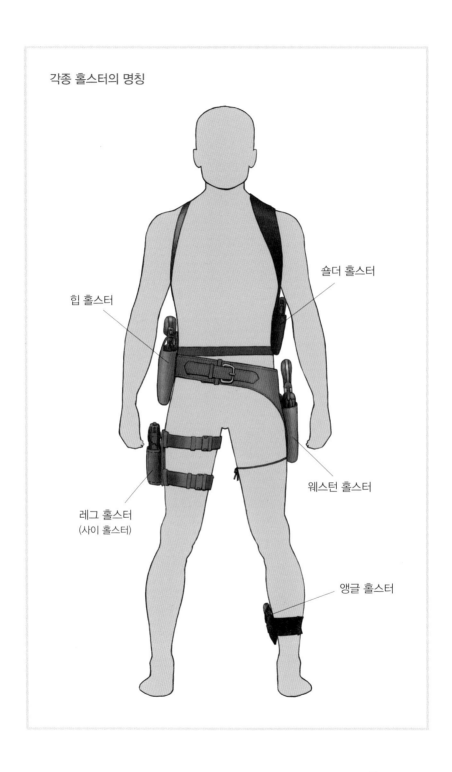

힙 홀스터

숄더 홀스터

레그 홀스터
(사이 홀스터)

웨스턴 홀스터

앵글 홀스터

7-02 홀스터의 형태상 분류
플랩 홀스터, 프릭션 홀더, 프런트 오프닝

플랩 홀스터(flap holster)는 오른쪽 그림 ❶과 같이 총의 뒷부분이 플랩이라고 불리는 커버로 덮인 것을 말하며 군용 홀스터로 많이 쓴다. ❷나 ❸처럼 부주의로 총을 떨어뜨리는 것을 방지하기 위해 플랩이 아닌 스트랩 모양을 하고 있는 홀스터를 세미 플랩(semi flap)형이라고 한다. ❷는 스냅 스트랩(snap strap) 방식으로 스트랩을 손가락으로 당기면 스냅 버튼이 열려 총을 뺄 수 있다. ❸은 섬 브레이크(thumb brake) 방식으로 스냅 버튼을 엄지로 자기 몸쪽으로 누르면 총을 뺄 수 있다.

❹는 총의 뒷부분을 누르는 부분이 전혀 없는 스트랩리스(strapless)형으로 총을 꺼내는 것에 최적화돼 있다. 이런 형태는 총이 빠지기 쉬워서 다소 빽빽하게 만들거나 총을 끼우는 얇은 금속판을 내장해 쉽게 빠지지 않도록 하기도 하는데, 이를 프릭션 홀더(friction holder) 방식이라고 한다. 하지만 여전히 총이 빠질 것 같아 불안하다.

❺는 프런트 오프닝(front opening)형으로 총을 위로 빼는 것이 아니라 앞으로 뺀다. 이것도 총을 끼우는 금속판이 내장돼 있어 총이 쉽게 앞으로 넘어가지 않는다. 총을 홀스터에 수납할 때 총신이 아래로 향하면 내추럴 레이크(natural rake), 다소 앞을 향하면 포워드 레이크(forward rake), 다소 뒤를 향하면 백 레이크(back rake)라고 한다. 빨리 뺄 수 있으면서 안정적인 것은 포워드 레이크이지만, 뒤에서 몰래 접근하는 적에게 총을 탈취당할 수도 있다.

❶ 플랩 홀스터

플랩

❷ 스냅 스트랩 방식

스트랩

스냅 버튼

❸ 섬 브레이크 방식

엄지로 안쪽을
눌러 연다.

스냅 버튼

❹ 스트랩리스형

❺ 프런트 오프닝형

앞으로 뺀다.

❻ 총신 각도에 따른 분류

백 레이크

내추럴
레이크

포워드
레이크

7-03 홀스터 명칭
기능에 따라 명칭이 다르다

제복 경찰이 옷 밖으로 보이도록 착용하는 홀스터를 듀티 홀스터(duty holster)라고 한다. 듀티(duty)는 업무를 의미한다. 업무상으로 공공연하게 권총을 휴대하기 때문에 붙여진 이름이다.

그런데 사복 경찰이나 첩보원은 업무이기는 하지만 옷 안으로 보이지 않게 홀스터를 착용한다. 이럴 때는 업무 여부에 상관없이 보이지 않게 착용하는 홀스터라고 해서 컨실먼트 홀스터(concealment holster)라고 부른다. 참고로 파우치에 총을 숨기는 것도 기본적으로는 컨실먼트 홀스터에 해당한다.

컨실먼트 홀스터의 일종으로 백사이드 홀스터(backside holster)가 있다. 장착 위치상 힙 홀스터로 분류할 수 있지만, 등에 숨겨서 휴대한다.

그리고 힙 홀스터는 보통 바지 밖으로 홀스터가 드러나 보이지만, 인사이드 팬츠 홀스터(inside pants holster)라고 해서 바지 안쪽에 홀스터를 넣는 예도 있다.

최근에는 택티컬 홀스터(tactical holster)라는 명칭을 자주 듣는다. 택티컬은 '전술적'이라는 의미다. 전술이라는 말은 지휘관이 부대를 어떻게 운용해 승리할 것인가 작전을 세우는 일을 의미하기 때문에 홀스터 같은 개인 장비에 사용하는 것이 적절한지 의문이 들지만, 예전 홀스터에는 없던 다양한 기능이 추가된 홀스터를 이렇게 부른다. 아무래도 홀스터 제조사가 만들어낸 홍보용 명칭이 아닌가 싶다.

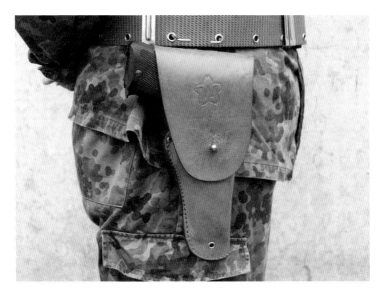

군용 힙 홀스터는 듀티 홀스터의 대표적인 예

사파리랜드(Safariland)사의 택티컬 홀스터. 카이덱스라는 플라스틱 소재이며 허벅지에 착용해도 아프지 않도록 패들이라는 판이 달렸다.

7-04 홀스터 재질
최근에는 플라스틱이 늘고 있다

홀스터의 재질은 전통적으로 가죽이 주류였지만, 가죽은 물에 약해 고온 다습한 지역에서는 곰팡이가 피는 문제가 있다.

그래서 영국군은 식민지에서 사용하기 위해 제2차 세계대전부터 천 재질의 홀스터를 만들었고, 오늘날 군용 홀스터의 소재는 나일론 천이 주류가 됐다.

최근에는 플라스틱 홀스터도 늘고 있다. 홀스터용 플라스틱은 카이덱스(kydex)라는 열가소성(熱可塑性. 가공 가능 온도는 180도) 소재가 많으며 탄소섬유도 사용된다.

플라스틱은 물에 젖어도 처지지 않고 가혹한 환경에서도 총을 보호할 수 있지만, 유연성이 떨어져 소지하는 총의 전용 홀스터만 사용할 수 있다는 단점이 있다. 그러나 플라스틱 홀스터는 가죽이나 천 홀스터가 구현할 수 없는 기능을 실현할 수 있다.

플라스틱 홀스터는 딱딱해서 직접 몸에 닿으면 아픈 만큼 홀스터와 몸 사이에 보호재가 필요하다. 따라서 몸의 곡선에 맞는 판을 홀스터에 부착하거나 홀스터 내부에 장착하기도 한다. 이런 판을 패들(paddle)이라고 하며 이러한 홀스터를 패들 홀스터라고 한다.

가죽 제품은 물에 약하고 기능적으로도 단순해 구식이다.

나일론 천으로 만든 홀스터. 이 홀스터는 패들도 나일론 소재이며 패들에 부착하는 홀스터 본체의 높이를 조절할 수 있을 뿐만 아니라 패들에서 떼어내면 힙 홀스터로도 사용할 수 있다. 크기를 조절할 수도 있어 크기가 다른 총도 수납할 수 있는 유연성도 있다.

7-05 홀스터 선택

사용하는 상황을 고려하자

총으로 무엇을 할지, 어떤 전투에 사용할지에 따라 총을 달리 선택한다. 홀스터도 마찬가지다. 총을 어떤 식으로 사용할지에 따라 정해야 한다. 권총의 용도가 명령을 따르지 않는 병사를 처단하거나 전쟁에 패했을 때 쓰는 자결용이라면 홀스터는 아무래도 상관없을 것이다.

예를 들어 오른쪽 위 사진처럼 제1차 세계대전 중 독일군이 사용한 루거용 홀스터는 빠른 속도로 총을 뺄 수 없는 구조라서 애초에 빨리 뺄 필요가 없는 용도로 생각된다. 장교 주위에는 소총을 소지한 병사가 다수 있어서 권총은 전투용이 아니며 전투가 벌어질 징조가 보이면 미리 홀스터에서 빼서 손에 들고 있으면 된다. 경찰관의 경우라면 범인을 발견하지도 않았는데 권총을 빼 들고 순찰할 수는 없다. 그래서 경찰용 홀스터는 오른쪽 아래 사진처럼 뽑기 쉽게 만들어야 한다.

또한 군용 홀스터를 선택할 때 헬리콥터에서 로프를 타고 내려오는 도중에 적이 나타났을 때를 고려한다면 한 손으로 총을 빨리 뽑을 수 있는 구조여야 하고, 동시에 몸이 균형을 잃어버려 거꾸로 매달리더라도 총이 홀스터에서 빠지지 않도록 확실히 고정할 수 있는 기능이 필요하다. 이런 의미에서 오늘날에는 다양한 상황을 고려한 택티컬 홀스터가 다수 등장하고 있다.

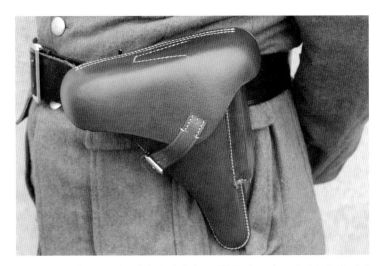

루거 P08용 홀스터. 일본이나 유럽에서는 경찰용 홀스터도 이처럼 총을 빼기 어려운 제품을 많이 사용한다.

총을 빨리 빼야 하는 상황이 많은 미국 경찰은 엄지손가락으로 눌러서 쉽게 뺄 수 있는 섬 브레이크 방식을 애용했으나, 최근에는 플라스틱 소재의 택티컬 홀스터를 사용하는 일이 늘고 있다.

7-06 홀스터 잠금 구조
구조에 따라 SLS, ALS 방식이 있다

오늘날 전투용 홀스터는 총을 빼고 싶을 때는 신속히 빠지지만 스스로 빼는 동작을 하지 않는 이상 몸이 거꾸로 매달려도 총이 빠지지 않도록 확실히 총을 고정하는 기능을 요구한다.

오른쪽 사진 자료를 보자. 위 사진은 사파리랜드사의 6004 시리즈로 SLS(Self Lock System)라는 방식의 홀스터다. 권총의 격철 뒤에는 가드가 걸려 있다. 이 가드는 총이 빠지지 않게 할 뿐만 아니라 격철이 어딘가에 직접 부딪히지 않도록 해주며, 격철이 젖혀지는 것을 방지한다.

이 가드를 앞으로 밀어 총을 빼려면 뒤쪽의 버튼을 누르면서 가드를 앞으로 밀어야 한다. 이 버튼 위에도 플랩이 달려서 부주의로 버튼이 어딘가에 부딪히지 않도록 해준다. 아래에 있는 사진 중 왼쪽은 사파리랜드사의 제품으로 ALS(Automatic Lock System) 방식의 홀스터다. 레버를 살짝 누르는 것만으로 가볍게 뺄 수 있지만, 레버를 누르지 않으면 몸이 뒤집혀도 빠지지 않는다.

오른쪽은 블랙호크(Black Hawk)사의 제품이다. 측면 버튼을 눌러 잠금을 해제한다. 고정구가 트리거 가드 내측에 물려 있다. 홀스터의 부피가 크지 않고 총을 빼기 쉬우며 고정도 잘되는 듯하지만, 버튼을 누르는 검지에 힘이 들어간 상태로 총을 뽑아 그대로 방아쇠가 당겨져 오발 사고를 일으킨 적도 있다. 틈 사이로 모래가 들어가 작동하지 않았다는 이야기도 들린다. 그래서 이 홀스터를 사용할 때 포복 자세는 피하는 것이 좋다.

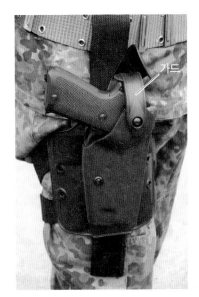

가드

가드

이 버튼을 누르면서
가드를 앞으로 민다.

사파리랜드사의 SLS 방식 홀스터

여기를 누른다.

여기를 누른다.

사파리랜드사의 ALS 방식 홀스터   블랙호크사 제품

7-07 웨스턴 홀스터

영화를 위해서 제작했다?

서부 영화에서 카우보이가 허리에 차고 있는 홀스터의 형태는 할리우드 영화 제작자가 만들어낸 창작물이다. 서부 개척 시대의 카우보이가 실제로 사용한 홀스터는 달리는 말 위에서도 총이 떨어지지 않도록 총이 홀스터에 깊이 들어가는 구조였다고 한다. 영화에 등장하는 속사 총잡이 캐릭터를 위해서 총의 노출이 많고, 빼기 쉬운 구조인 웨스턴 홀스터가 등장한 것이다.

총이 많이 노출되면 홀스터에서 총이 빠지기 쉽다. 필자는 말을 타고 달릴 때 총을 떨어뜨린 적이 없지만 휴대폰을 떨어뜨린 적이 있다. 그래서 가죽줄을 격철에 걸어서 총이 떨어지지 않도록 한다. 말을 탈 때는 총이 허리보다 높아야 덜 불편하며, 총을 떨어트리지 않으려면 백 레이크가 좋다고 한다.

영화에 등장하는 속사 총잡이는 총의 위치가 낮아야 빼기 수월해서 총을 낮게 착용하고, 총신이 다소 앞으로 향하는 포워드 레이크를 선호한다. 그러나 누가 빨리 쏘는가를 겨루는 패스트 드로 경기가 유행하면서 총이 너무 낮으면 빨리 쏠 수 없다는 사실을 알게 되자, 속사 총잡이의 홀스터 위치는 다시 높아졌다. 한편 웨스턴 홀스터를 리그(rig)라고 부르기도 하는데, 이는 벨트와 홀스터가 세트인 상태를 의미한다.

서부 영화에 나오는 웨스턴 홀스터는 영화용으로 디자인된 것으로 당시의 실제 모습과 다소 차이가 있다. 사진은 일본 고텐바시의 웨스턴 승마 클럽인 로키에서 촬영했다.

말 위에서 총을 뺄 때는 오른손으로 왼쪽 허리에 찬 총을 빼는 크로스 드로(7-08 참고)가 편하다.

7-08 홀스터에서 총 빼기
빠르고 안전하게 총을 빼는 방법

총을 숨기지 않아도 된다면 빨리 뺄 수 있고 안전성도 높은 홀스터 위치는 레그보다 높고 힙보다 낮은 위치다.

다시 말해 팔을 편안히 뻗어 손을 살짝 쥔 상태에서 총의 그립이 닿는 높이가 적절하며, 총신은 다소 앞을 향하는 각도가 이상적이다. 서부 영화에 등장하는 총잡이의 홀스터가 바로 이런 상태다.

다만 웨스턴 홀스터는 여러 가지 문제가 있어서 택티컬 홀스터 중에 웨스턴 홀스터 위치에 착용할 수 있는 제품을 선택하면 될 것이다. 이 위치는 목표로 총구를 겨누기까지 가장 짧은 시간이 소요되며, 총을 빼거나 넣을 때 문제가 생겨 오발 사고가 일어나더라도 총구가 앞을 향하고 있기 때문에 자신이나 같은 편에게 피해를 줄 위험도 적다.

문제는 총을 숨겨야 할 때다. 오른손잡이가 총구를 앞으로 향하게 하려면 오른쪽 허리 부근이 가장 적절해 보인다. 그러나 총을 옷 속에 감춰야 하므로 허리띠 위치인 힙 홀스터가 적절하다. 홀스터가 오른쪽 벨트 위치에 있으면 오른손잡이의 경우에는 팔을 많이 굽혀서 총을 빼야 하기 때문에 불편하기도 하고 빨리 뺄 수도 없다. 오른손잡이용 홀스터를 왼쪽 허리에 차고 총의 그립이 앞을 향하도록 착용해 오른손으로 크로스 드로(cross draw)하는 방법도 있다. 그러나 목표물에 총구가 향하기까지 총구가 다른 방향을 향하므로 안전상 문제가 있다. 이는 숄더 홀스터나 백사이드 홀스터도 마찬가지다.

서부 영화의 총집이처럼 다소 높은 레그 홀스터나 다소 낮은 힙 홀스터에 총신이 다소 앞으로 향하는 위치가 가장 빠르고 안전하다.

크로스 드로는 총구를 큰 각도로 뽑기 때문에 그다지 추천하고 싶지 않다.

옷 속은 아니지만 파우치를 홀스터로 이용(사용상 편리를 위해 다소 손을 봐야 하지만)해 배 부근에 착용하면 총구가 다른 방향으로 향하는 것을 최소화할 수 있다.

스톡 홀스터

스톡 홀스터(stock holster)는 라이플처럼 권총에 스톡(개머리판)을 장착해 홀스터로 이용한다. 마우저 C96이 가장 대표적이다. 러시아의 스테츠킨 기관권총, 브라우닝 하이파워, 루거 P08 등 몇몇 권총도 옵션으로 스톡 홀스터를 부착할 수 있다.

스톡 홀스터는 권총의 명중률과 유효 사정거리를 한층 향상해 주지만, 미국을 비롯해 많은 나라에서 불법이다.

제8장

탄도의 과학

8-01 포내탄도

총신 안에서 탄환은 어떻게 움직이는가

격침이 뇌관을 때리면 발사약에 불이 붙고, 탄환은 총신 안에서 가속한다. 콜트 거버먼트처럼 45 ACP탄이 길이 127mm인 총신에서 탄환이 빠져나오기까지 걸리는 시간은 약 10만분의 77초다. 1,000분의 1초도 걸리지 않는 셈이다.

탄환은 화약의 연소 가스 압력으로 총신 내부를 가속하기 때문에 같은 실탄이라면 총신이 긴 총이 짧은 총보다 탄환 속도가 빠르다. 그러나 화약 가스의 압력은 탄환이 총신 안에서 전진할수록 감소한다. 결국 화약 가스의 압력이 탄환과 총신의 마찰을 이겨내지 못해서 탄환이 가속하는 힘을 상실하면, 총신이 길더라도 탄환 속도는 더 빨라지지 않고 오히려 감소한다. 따라서 탄환 속도를 가장 빠르게 유지할 수 있는 최적의 총신 길이가 존재한다는 것이다. 이 최적의 길이는 총과 탄약의 종류에 따라 다르지만, 대다수 군용 라이플이나 사냥총은 1m 전후가 되기도 한다. 다만 총신이 1m면 너무 길기 때문에 대체로 이보다 짧다.

22 롱 라이플은 겨우 2.6g인 탄환을 0.1g 화약으로 발사한다. 탄환이 이렇게 작다면 최적의 총신 길이는 46cm 정도이며, 대부분 22 구경 라이플은 이보다 총신 길이가 길다.

권총의 경우, 최적의 총신 길이가 어떻게 되는지 데이터를 찾아봤지만 없었다. 아마도 10여 cm로 추정되면 대부분 권총의 총신은 최적 길이보다 짧다. 오른쪽 표는 총신 길이에 따른 초속 변화를 정리했다.

콜트 파이슨의 총신 길이에 따른 초속 변화(단위: m/s)

총신장	3인치	4인치	6인치	8인치
초속	321	351	363	382

※사용 총탄은 윈체스터 158gr 소프트 포인트

S&W M629(44매그넘)의 총신 길이에 따른 초속 변화(단위: m/s)

탄약 종류 총신장	3인치	4인치	8과 3/8인치
페더럴 240gr 할로 포인트	342	367	412
풍산금속 240gr 할로 포인트	306	344	373
레밍턴 240gr 소프트 포인트	330	361	391
윈체스터 240gr 할로 포인트	315	362	379
페더럴 180gr 할로 포인트	409	443	491

콜트 피스 메이커(45 롱 콜트)의 총신 길이에 따른 초속 변화(단위: m/s)

4와 3/4인치	5와 1/2인치	7과 1/2인치	12인치
202	204	208	225

※ gr은 그레인의 기호(1gr=0.0647989g)

※ 1인치는 25.4mm

대다수 총신은 최적의 총신 길이보다 짧아서 탄환은 총신 내에서 가속이 종료되기 전에 발사된다.(사진 출처: 미해병대)

8-02 공기저항에 따른 속도 저하

초속 300m/s인 탄환은 1초에 300m까지 날지 못한다?

탄환 속도는 총신 안에서 가속해 총구를 벗어나는 순간 가장 빠르며, 이후부터는 공기저항 때문에 점차 감소한다. 엄밀히 말하면 탄환이 총구를 벗어난 후에도 뒤에서 폭풍이 불기 때문에 총구에서 몇 cm 떨어진 지점의 속도가 가장 빠르다. 참고로 총구 부분의 속도 측정은 그리 쉬운 일이 아니라서 총이나 탄약 제조사는 총구에서 몇 cm 떨어진 지점을 측정한다. 어쨌든 이 지점의 속도를 초속이라고 한다.

탄환은 날아가면서 공기저항 때문에 속도가 점차 떨어진다. 초속 300m/s로 발사된 탄환일지라도 300m 지점을 1초에 도달할 수 없으며 1.XX초가량 걸린다. 탄환이 공기저항 때문에 얼마나 속도가 저하되는지는 탄환 종류에 따라 다양하다. 예를 들어 가벼운 탄환은 초속이 빨라도 공기저항 때문에 속도가 떨어지기 쉽다. 탄환 무게가 같더라도 모양이 날렵할수록 공기저항이 적기 때문에 속도 저하도 적다.

옛날에는 탄환 속도를 측정할 때 크고 무거운 진자(振子)에 탄환을 쏴서 진자 무게와 진폭의 상관관계를 이용해 탄환의 에너지를 계산하고 속도를 추출했다. 또 탄환이 날아가는 경로상에 전선 2줄을 설치해 탄환이 두 전선 사이를 통과할 때까지의 시간을 재는 방법을 사용하기도 했다. 최근에는 전기가 통하는 코일 속에 탄환을 통과시켜 자기 변화를 측정하는 광학 센서로 탄환이 두 지점을 통과하는 시간을 측정하는 방식의 기기를 저렴하게 판매한다. 이 덕분에 일반인도 손쉽게 탄속을 측정할 수 있다.

탄약별 거리에 따른 초속 변화(단위: m/s)

거리(야드) 탄약 종류	0	25	50	75	100	150
22 롱 라이플 40gr	327	313	301	291	282	266
25 오토 50gr 풀 메탈	230	224	217	211	205	194
32 S&W 롱 98gr	236	232	227	222	218	210
32 오토 71gr 풀 메탈	273	264	256	249	242	229
32 H&R 매그넘 85gr HP	339	323	310	298	289	272
327 페더럴 매그넘 85gr SP	455	427	401	378	358	326
380 오토 95gr 풀 메탈	296	284	272	262	252	236
9mm 마카로프 95gr 풀 메탈	303	290	278	269	260	244
9mm 루거 115gr 풀 메탈	357	335	318	303	291	271
38 슈퍼 130gr 풀 메탈	364	346	332	319	309	291
38 스페셜 130gr 풀 메탈	269	264	258	253	247	238
357 매그넘 125gr HP	436	404	376	352	332	303
357 SIG 125gr HP	409	384	362	342	327	302
40 S&W 155gr 풀 메탈	352	332	316	303	292	273
10mm 오토 180gr 풀 메탈	312	302	294	286	279	266
41 레밍턴 매그넘 210gr HP	372	355	340	327	316	298
44 스페셜 200gr HP	264	257	250	244	238	228
44 매그넘 240gr HP	373	354	338	325	313	295
45 GAP 230gr 풀 메탈	267	262	256	252	247	238
45 오토 230gr HP	257	253	248	244	239	231
45 롱 콜트 225gr HP	251	246	240	235	230	220
500 S&W 275gr	503	468	435	405	378	336

1야드＝0.9144m, gr＝그레인의 기호, S&W＝Smith＆Wesson사, H&R＝Harrington&Richardson사, SP＝소프트 포인트, HP＝할로 포인트

실탄 속도는 같은 실탄이라도 초당 약 몇 미터의 차이가 나며, 측정일이 다르면 초당 십수 미터의 차이를 보이기도 한다.

중력에 따른 탄환의 낙하
탄환 속도와 관계없이 초당 낙하량은 동일하다

탄환은 아무리 빠르더라도 중력에 의해 낙하한다. 속도가 빠르든 느리든 혹은 정지 상태든 수직 낙하 상태든 상관없이 일정 시간당 낙하량은 동일하다. 다만 고속탄으로 사격하면 저속탄보다 탄착점이 위에 형성된다. 이는 고속탄이 저속탄에 비해 목표까지 도달 시간이 짧기 때문에 낙하량이 적을 뿐이며 초당 낙하량은 모두 같다. 이처럼 탄환은 중력 때문에 낙하하므로 조준점보다 아래에 탄착점이 형성된다. 그래서 대부분 라이플은 목표를 조준할 때 총신이 다소 위를 향한다. 탄환은 목표에 도달하기 전에 최고 높이에 도달하고, 그 뒤에 서서히 낙하하면서 목표까지 날아간다.

권총은 반동으로 총이 튀는 현상을 고려해 조준할 때 총신이 다소 아래를 향하는 경우가 많다. 물론 눈으로 보기에는 탄환이 총신을 벗어난 후에 권총이 튀는 것처럼 보이지만 탄환이 총신 안을 진행하는 중에 이미 반동은 시작되기 때문에 탄환이 발사되는 순간에도 방아쇠를 당기기 전보다 총신이 다소 위를 향한다.

탄환은 총구에서 벗어나 수십 미터를 진행한 지점에서 조준선 높이까지 상승하고, 20~30m 지점에서 최고점(조준선보다 몇 센티미터 위)에 도달하며 40~50m 지점에서 다시 조준선 높이까지 낙하한다. 이후 점차 계속 낙하한다. 물론 총이나 탄약의 종류에 따라 다르지만 대개 이런 움직임을 보인다. 오른쪽 표는 50야드(45.72m)에서 표적 중심에 도달하도록 조절한 총에서 발사한 탄환이 거리에 따라 얼마나 낙하하는지를 정리한 것이다.

50야드 표적 중심에 명중하도록 조절했을 때 거리별 낙하량(단위: cm)

거리(야드) / 탄약 종류	25	50	75	100	125	150
22 롱 라이플 40gr	+0.8	0	−6.4	−18.5	−37.1	−62.5
25 오토 50gr 풀 메탈	+3.8	0	−14.7	−16.0	−78.7	−129.5
32 S&W 롱 98gr	+3.6	0	−13.5	−37.1	−71.4	−116.8
32 오토 71gr 풀 메탈	+2.5	0	−10.2	−28.7	−55.6	−91.9
32 H&R 매그넘 85gr HP	+1.3	0	−6.6	−18.8	−37.6	−62.0
327 페더럴 매그넘 85gr SP	+0.5	0	−4.1	−12.4	−25.4	−43.4
380 오토 95gr 풀 메탈	+2.0	0	−8.9	−25.1	−49.3	−81.8
9mm 마카로프 95gr 풀 메탈	+1.8	0	−6.6	−23.9	−46.7	−77.5
9mm 루거 115gr 풀 메탈	+1.0	0	−6.1	−17.8	−35.3	−59.4
38 슈퍼 130gr 풀 메탈	+1.0	0	−5.6	−16.0	−32.0	−53.3
38 스페셜 130gr 풀 메탈	+2.5	0	−10.2	−28.2	−54.4	−89.4
357 매그넘 125gr HP	+0.5	0	−4.1	−12.2	−24.9	−42.4
357 SIG 125gr HP	+0.5	0	−4.6	−13.2	−26.7	−45.5
40 S&W 155gr 풀 메탈	+1.3	0	−6.1	−18.0	−35.6	−59.7
10mm 오토 180gr 풀 메탈	+1.5	0	−7.6	−21.1	−41.4	−68.3
41 레밍턴 매그넘 210gr HP	+0.8	0	−5.3	−15.2	−30.2	−50.8
44 스페셜 200gr HP	+2.8	0	−10.7	−30.0	−58.2	−95.8
44 매그넘 240gr HP	+0.8	0	−5.3	−15.5	−30.7	−51.3
45 GAP 230gr 풀 메탈	+2.5	0	−10.2	−28.4	−55.1	−90.2
45 오토 230gr HP	+2.5	0	−10.6	−30.0	−58.9	−96.5
45 롱 콜트 225gr HP	+3.0	0	−11.9	−32.7	−63.5	−104.1
500 S&W 275gr	0	0	−2.8	−8.4	−17.8	−31.2

총이나 탄약의 종류에 따라 다소 다르며 150야드(140m) 거리에서 쏠 경우, 목표의 약 1m 위를 조준해야 할 때도 있다.

8-04 최대 사정거리와 유효 사정거리

유효 사정거리는 정의가 애매하다

탄환은 공기저항이 없으면 45도 각도로 발사했을 때 가장 멀리 날아가지만, 실제로는 공기저항 때문에 25~30도 각도로 발사했을 때 가장 멀리 날아간다. 이처럼 탄환이 날아가는 최대 거리를 최대 사정거리라고 한다.

기본적으로 속도가 빠른 탄환일수록 멀리 날아가겠지만, 공기저항이 있기 때문에 고속으로 발사해도 지나치게 가벼우면 멀리 날아가지 못한다. 물론 같은 속도와 무게라면 굵고 짧은 탄환이 공기저항을 많이 받기 때문에 속도 저하가 커서 멀리 날아가지 못하고, 가느다란 탄환일수록 멀리 날아간다. 또한 동일 조건에 무게만 서로 다른 탄환을 발사해 보면, 가벼운 탄환은 초속이 빠르지만 무거운 탄환은 공기저항을 이겨내고 멀리까지 날아가는 경우도 있다. 따라서 사정거리의 길고 짧음은 한 가지 요인으로 명확히 규정하기 어렵다. 오른쪽 표에 권총탄뿐만 아니라 라이플탄도 포함해서 다양한 탄약의 최대 사정거리를 정리했다.

유효 사정거리라는 용어도 있는데 이는 다소 애매한 표현이다. '유효 사정거리란 50%의 명중률을 기대할 수 있는 거리'라고 말하는 사람도 있지만, 사수의 실력에 따라 그 차이는 매우 크다. 잘 만들어진 대형 권총에 스코프를 장착하고 기계에 고정한 후 쐈더니 300m 거리의 1m 원반 표적에 명중했다고 해서 '이 권총의 유효 사정거리는 300m'라고 말할 수는 없다. 참고로 권총으로 사람 크기의 표적을 쏜다면 대부분 25m 이내가 돼야 맞힐 수 있다.

각종 탄환의 최대 사정거리

탄약 종류	초속(m/s)	최대 사정거리(m)
22 롱 라이플 40gr	380	1,370
38 스페셜 148gr 와드 커터	233	1,515
38 스페셜 +P 158gr 소프트 포인트	269	1,939
9mm 루거 123gr 풀 메탈	339	1,727
357 매그넘 158gr 할로 포인트	374	2,151
45 ACP 230gr 할로 포인트	259	1,333
44 매그넘 240gr 소프트 포인트	421	2,273
223 레밍턴 55gr 보트테일 SP	982	3,515
243 윈체스터 100gr 플랫 베이스	897	3,636
30-30 윈체스터 170gr 플랫 베이스	666	3,333
30-06 180gr 플랫 베이스	818	3,787
30-06 180gr 보트테일	818	5,152

기본적으로 초속이 빠르고 무거우며 공기저항이 적은 모양의 탄환일수록 멀리
날아간다.

가늠자 눈금이 1,000m까지 표시된 마우저의 유효 사정거리는?

탄환의 운동에너지

탄환의 위력을 숫자로 표시하다

22 림 파이어보다 9mm 루거가 강력하고, 9mm 루거보다 357 매그넘이 강력하다. 44 매그넘은 더 강력하다. 이런 위력을 수치로 나타낸 것을 탄환의 운동에너지라고 한다. 미국에서는 피트 파운드(ft·lbs)로 표시한다. 계산식은 다음과 같다.

$$운동에너지 = \frac{탄환\ 질량 \times 속도^2}{2 \times 중력가속도}$$

예를 들어 230gr의 질량(무게)을 가진 탄환을 860ft/s로 발사했을 때의 운동에너지를 계산해 보겠다. 이때 질량 단위는 파운드(lbs)이기 때문에 그레인(gr)을 파운드로 변환해야 한다. 1gr은 7,000분의 1lbs = 0.0001428lbs 이므로 230gr의 탄환은 0.033lbs다. 중력가속도의 수치는 미터법으로 9.8이므로 피트(ft)로 변환하면 32.144다. 따라서 식은 다음과 같다.

$$\frac{0.033 \times 860 \times 860}{2 \times 32.144} \fallingdotseq 379.6ft \cdot lbs$$

이것을 미터법으로 계산하면 1gr = 0.0648g이므로 탄환의 질량 230gr은 14.9g, 1ft는 0.3048m이므로 860ft/s = 262m/s, 중력가속도 수치는 9.8이므로 다음과 같다.

$$\frac{0.0149 \times 262 \times 262}{2 \times 9.8} \fallingdotseq 52.2kgf \cdot m$$

필자는 운동에너지 계산을 킬로그램 포스 미터(kgf·m)로 배웠지만, 오늘날 물리학에서는 다음과 같이 줄(J)을 사용한다. 그리고 이때는 중력가속도가 필요 없다.

$$운동에너지(J) = \frac{탄환\ 질량 \times 속도^2}{2}$$

그래서 $\frac{0.0149 \times 262 \times 262}{2} \fallingdotseq 511.4J$이다. 참고로 1ft·lbs = 1.3558J = 0.138 3kgf·m이고 1kgf·m = 7.23ft·lbs다.

대표적인 권총탄의 운동에너지

탄약 종류	초속(ft/s)	운동에너지(ft·lbs)
22 롱 라이플 40gr	1,080	104
9mm 루거 124gr	1,150	364
38 스페셜 130gr	890	229
357 매그넘 130gr	1,410	574
40 S&W 155gr	1,410	574
44 매그넘 240gr	1,160	463
44 오토 230gr	860	379
500 S&W 325gr	1,800	2,339

8-06 살상력과 운동에너지
상대 체중 이상의 운동에너지가 필요하다

총으로 동물이나 사람을 제압하려면 얼마나 큰 운동에너지가 필요할까? 쉽게 답변할 수 있는 질문은 아니다. 미국 사례를 살펴보면, 357 매그넘을 4발 맞고도 죽지 않은 범인이 쏜 22 구경 권총 한 발로 경찰이 사망한 사건도 있었다. 357 매그넘과 22 림 파이어의 운동에너지는 약 5배 이상 차이가 난다. 그래서 상대의 전투 능력을 상실시키는 탄환의 위력은 개인의 근성이나 어디에 맞느냐에 따라 천차만별이다.

필자는 대략 '상대를 제압하는 데 필요한 운동에너지는 상대의 체중 kgf·m다.'라고 생각한다. 즉 체중 50kg인 상대를 제압하기 위해서는 50kgf·m의 에너지가 필요하고, 체중 75kg의 상대를 제압하기 위해서는 75kgf·m의 에너지를 가진 탄약을 사용하면 된다고 생각한다.

9mm 루거나 45 오토의 운동에너지는 체중 약 50kg인 상대를 제압할 수 있고, 357 매그넘은 체중 79kg인 상대를 제압할 수 있으며, 500 S&W는 체중 300kg인 곰도 제압할 수 있다고 생각한다.

탄환이 관통해 버리면 전체 에너지가 전달되지 않는다

다만 이는 탄약의 에너지가 탄환을 매개로 100% 전달된다는 전제가 필요하다. 탄환이 상대를 관통했다면 에너지가 상대에 100% 전달되지 않았다는 의미다. 그래서 탄환은 할로 포인트처럼 효과적으로 찌그러져야 한다. 또 상대가 약물 중독이나 이상 흥분 상태라면 해당 에너지가 전달되더라도 부족할 수 있다.

병기를 설계하는 업계에서는 전장에서 적병의 전투력을 빼앗을 수 있는 에너지를 10kgf·m(미국에서는 58ft·lbs=약 8kgf·m)로 보고 있다. 이 정도 에너지는 사망으로 인해 즉시 전투 불능 상태가 되는 것이 아니라, 위생병의 치료를 받지 않으면 위험한 상태에 이를 수 있는 수준이다. 다시 말해 수백 미터 떨어진 지점에서 상대에게 타격을 입혀 더는 전진하지 못하게 하는 수준이다. 적이 눈앞까지 접근했다면 이 정도의 에너지로는 충분히 제압할 수 없다.

상대 체중에 상응하는 kgf·m 에너지로 제압한다.

8-07 관철탄도

탄환이 몸에 박히면 어떻게 되나?

앞서 설명했듯이 탄환이 몸을 관통했다면 탄약의 운동에너지로 인한 파괴력이 상대 몸에 100% 전달되지 못했다는 의미다. 따라서 탄환이 상대 몸을 관통하기 바로 직전에 모든 에너지를 소모하고 정지하는 상태가 가장 이상적이다.

그래서 탄환이 크게 찌그러져 관통하지 못하도록 소프트 포인트나 할로 포인트를 사용하는 것이다. 다만 군용탄에는 풀 메탈 재킷만 사용할 수 있고, 소프트 포인트나 할로 포인트는 덤덤탄 금지 조약으로 사용할 수 없다. 결과적으로 9mm 루거처럼 관통력이 높은 탄약보다 대구경 저속탄이나 무거운 45 구경탄이 효과적이라고 하겠다.

최근에는 방탄조끼가 많이 보급됐다. 속도가 느린 45 ACP는 방탄조끼를 뚫지 못한다. 그래서 미군은 45 ACP 사용을 중단하고, 9mm 베레타를 사용한다. 지금은 벨기에 FN(Fabrique Nationale)사의 5.7mm, 중국의 5.8mm와 22 TCM 등 소구경 고속 권총탄이 등장했다. 그런데 이런 소구경 권총탄이 방탄조끼를 뚫고 상대에게 치명상을 입히기에 충분할까?

소구경 권총탄은 오른쪽 그림처럼 텀블링을 하기 때문에 살상력이 높다. 가늘고 긴 총탄의 균형점은 중간보다 뒤에 위치하기 때문에 물체에 충돌하면 텀블링하듯이 회전한다. 빙글빙글 몸속을 돌면서 큰 상처를 입히는 것이다.

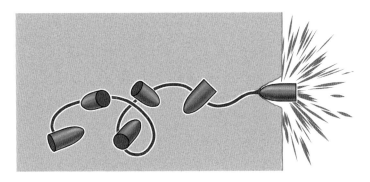

텀블링하는 모습. 최근 소구경 권총탄은 이처럼 살상력이 높은 것도 있다.

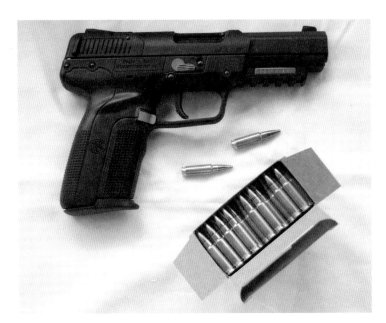

「N의 5.7㎜딘은 빙탄조㎆를 꽌동하고 몸속에서 텀블링한다.

수중탄도
물속으로 총을 쏘면 어떻게 될까?

수중에서도 총을 쏠 수 있다. 오늘날 탄약은 며칠간 물에 넣어둬도 물이 스며들어 화약이 젖는 일은 없다. 물의 저항 때문에 격철이나 격침의 타격력이 약해진다고 생각할지 모르겠으나 실험 결과 정상적으로 뇌관이 발화해 탄환이 발사됐다.

다만 콜트 거버먼트로 실험했을 때는 물의 저항이 있더라도 총신이 갈라지거나 총에 문제가 발생하지 않았는데, 이는 강압이 낮은 권총탄이기 때문이다. 라이플이라면 총신이 파열되지는 않더라도 탄피가 분리되지 않거나 총과 탄약의 종류에 따라서는 탄피 바닥이 갈라지는 사례도 있었다.

수중에서 45 오토 탄환은 50cm 거리에 있는 19mm 송판을 관통했지만, 1m 거리에서는 송판 표면이 파이는 정도였다. 이처럼 물의 저항은 매우 크다. 육상에서 수면을 향해 쏘면 각도가 작을 경우, 탄환이 수면에 튕겨(정확히 말하면 수중에서 다소 이동한 후 다시 떠올라 공중으로 날아감) 꽤 먼 거리를 날아간다. 그래서 수면에 총을 쏘면 매우 위험하다. 이런 도탄(跳彈) 현상이 일어나는 각도는 탄환의 모양이나 속도에 따라 다르지만 대략 발사각도가 십몇 도 이내이면 잘 일어나고, 깊으면 잘 일어나지 않는다. 이 때문에 수중에 있는 물체를 조준 사격해도 웬만해서는 잘 맞힐 수 없다.

물의 저항은 생각보다 커서 탄환은 그 위력을 금세 잃어버린다. 오른쪽에 탄약별 수심에 따른 위력을 표로 정리했다.

얕은 각도로 수면을 향해 쏘면 도탄 현상이 일어나 위험하다.

수심에 따른 총탄별 위력

탄약 종류	탄두	수심(cm)
22 롱 라이플	납 라운드 노즈	40
380 ACP	풀 메탈	67
38 스페셜	납 라운드 노즈	50
9mm 루거	풀 메탈	87
357 매그넘	풀 메탈	60
41 매그넘	소프트 포인트	65
44 매그넘	할로 포인트	65
30-06 라이플	풀 메탈	75
12.7mm 기관총	풀 메탈	120

실험에서는 두께 25mm 송판의 절반 이상을 뚫으면 중상을 입는 것으로 판단할 수 있다.

이처럼 흙탕물에 들어 갔다가 나오더라도 권총은 발사할 수 있다. 다만 라이플, 특히 아말라이트(Armalite)류의 라이플은 발사를 장담할 수 없다.(사진 출처: 미해병대)

총을 옆으로 기울여 쏘기?

액션 영화를 보면 총을 옆으로 기울여 쏘는 장면이 나오는데 이는 전혀 도움이 안 되는 자세다. 다만 이런 자세는 배우 얼굴이 총으로 가려지는 일이 없기 때문에 영화를 위한 설정이라면 긍정적이라고 하겠다.

총을 기울여서 쏘면 조준한 곳을 맞힐 수가 없다. 기본적으로 총을 설계할 때는 반동으로 총신이 튀는 현상과 중력으로 탄환이 낙하하는 현상을 적절히 반영한다. 그래서 조준해 발사하면 탄환이 특정 지점까지 날아가 명중하는 것이다.

옛날 만주의 마적이나 중국군이 마우저 권총을 옆으로 기울여서 일부러 수평 방향 반동을 만들어 횡대로 늘어선 적을 향해 쏘는 일은 있었다. 근거리에서 탄환을 난사하는 경우라면 이런 방법도 효과적일 수 있다.

마우저 C96. 손이 작은 사람도 그립감이 나쁘지 않으며 만주의 마적이나 중국군이 애용했다.

제9장

세계의 주요 탄약

구경 22 림 파이어
올림픽에서 취미용까지 폭넓게 사용된다

22 림 파이어 중에 가장 많이 보급된 탄약은 22 롱 라이플이다. 이름은 롱 라이플이지만 매우 작다. 그래서 저렴하고 소리도 크지 않아 올림픽의 50m 라이플 경기나 피스톨 경기, 취미용으로도 사용된다. 토끼나 여우와 같은 소형 동물 사냥용으로도 적당해서 세계에서 가장 많이 생산되고 소비된다. 물론 사람 머리나 심장에 맞히면 치명상을 줄 수 있다. 실제로 미국의 총기 인명 사고에 주로 사용된 탄약을 살펴보면 9mm나 45 ACP가 아니라 22 림 파이어라고 한다.

탄피가 짧은 22 쇼트는 표적 5개를 신속히 쏴야 하는 올림픽의 래피드 파이어 피스톨 경기 전용탄이다. 위력이 너무 약하기 때문에 실전용으로 사용하는 사람은 없지만 그래도 총탄이기 때문에 사람이 맞으면 큰 상처를 입을 수 있다.

쇼트와 롱 라이플 사이에 롱이 있었지만, 어중간해서인지 최근에는 찾아볼 수 없다. 롱 라이플보다 강한 22 림 파이어 중에는 22 윈체스터 매그넘 림 파이어가 있고, 구경을 0.17인치로 줄인 호내디(Hornady) 매그넘 림 파이어도 있다. 이들 탄약은 대인 전투용으로도 위력적이며 사용할 수 있는 권총으로는 AMT 오토매그(AutoMag) 2나 루거 LCR 등이 있다. 22 림 파이어는 이외에 다른 종류도 몇 가지 생산됐지만 그다지 보급되지 못해 사라졌다.

22 쇼트

22 롱 라이플

22 윈체스터 매그넘 림 파이어

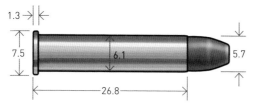

17 호내디 매그넘 림 파이어

단위: mm

거리(야드)별 탄속(m/s)

	초속	500야드	1000야드	1500야드
22 롱 라이플	363	325	300	281
22 윈체스터 매그넘 림 파이어	463	408	363	329
17 호내디 매그넘 림 파이어	766	665	571	487

50야드에서 영점을 잡았을 시※거리(야드)별 낙하량(cm)

	500야드	1000야드	1500야드
22 롱 라이플	0	15.2	53.1
22 윈체스터 매그넘 림 파이어	0	5.3	32.2
17 호내디 매그넘 림 파이어	0	0.8	7.9

※영점 조준(4-07 참고)

소구경 센터 파이어

방탄조끼를 뚫는다

권총탄은 총신이 짧더라도 가속이 잘되도록 보통 굵고 짧은 형태지만, 최근에는 방탄조끼를 관통하기 위한 소구경 고속탄이 등장했다. 1991년 벨기에의 FN사가 개발한 5.7×28이 대표적이며, P90 서브 머신건이나 FN Five-seveN에 사용된다.

이후 독일의 H&K사가 경쟁 제품으로 MP7 서브 머신건에 사용하는 더 작은 4.6×30을 개발했으나 그다지 많이 보급되지 않았다. 중국군은 92식 권총이나 05식 서브 머신건에 사용하는 총탄으로 5.8×21을 사용한다.

지명도는 낮지만 22 TCM도 있다. 라이플용 223 레밍턴의 탄피를 짧게 만든 것으로 관통력은 뛰어나지만, 총구염이 너무 크다는 단점이 있다. 콜트 거버먼트를 카피한 록아일랜드(Rock Island) 1911에 사용할 수 있다.

이처럼 방탄조끼를 무력화하려는 최근의 움직임과는 별개로 옛날부터 소구경 고속 권총탄이 있었는데, 권총탄이라기보다는 소형 라이플탄을 권총에 사용하는 느낌이었다.

예를 들어 221 파이어볼(Fireball)은 단발 볼트 액션 권총인 레밍턴 XP-100용으로 개발됐다. 또 22 호넷(Hornet)은 원래 항공기가 불시착했을 때 생존용으로 사용하기 위한 소형 라이플탄이었지만, 매그넘 리서치(Magnum Research)사나 타우러스(Taurus)사가 이 탄약을 사용하는 리볼버를 발매했다. 22 레밍턴 제트(Remington Jet)도 있는데, S&W의 M57 리볼버에 사용할 수 있다.

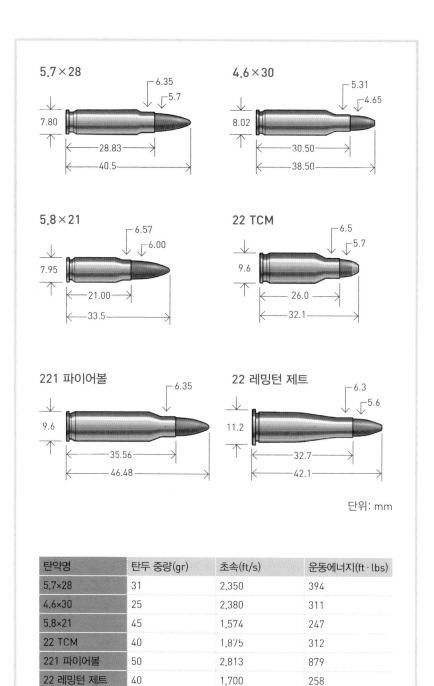

5.7×28
6.35
5.7
7.80
28.83
40.5

4.6×30
5.31
4.65
8.02
30.50
38.50

5.8×21
6.57
6.00
7.95
21.00
33.5

22 TCM
6.5
5.7
9.6
26.0
32.1

221 파이어볼
6.35
9.6
35.56
46.48

22 레밍턴 제트
6.3
5.6
11.2
32.7
42.1

단위: mm

탄약명	탄두 중량(gr)	초속(ft/s)	운동에너지(ft·lbs)
5.7×28	31	2,350	394
4.6×30	25	2,380	311
5.8×21	45	1,574	247
22 TCM	40	1,875	312
221 파이어볼	50	2,813	879
22 레밍턴 제트	40	1,700	258

구경 25~30 클래스

중소형 권총용으로는 다소 작다

25 오토는 센터 파이어 방식의 권총탄 중에 가장 소형이다. 센터 파이어이지만 22 롱 라이플보다 위력이 약해서 쓸모가 없어 보인다. 다만 FN 포켓 모델 1906, 콜트 M1908 베스트 포켓, 베레타 1950 등 몇몇 소형 권총에 사용된다.

중국에서만 사용하는 7.62×17은 64식, 77식 권총, 67식 소형 권총에 사용할 수 있다. 32 오토는 브라우닝사가 개발한 자동 권총탄 중 하나로 1899년 벨기에 FN사가 브라우닝 M1900 자동 권총과 함께 제조했다. 32 ACP 혹은 7.65mm 브라우닝이라고 불리며 7.65×17이라고도 한다.

7.62×39R은 제정 러시아 시대의 나강 리볼버탄이지만, 군용으로는 위력이 다소 약하다. 100여 년 전에는 32 S&W, 32 S&W 롱이 있었지만 지금은 찾아볼 수 없다.

32 H&R 매그넘은 해링턴 앤드 리처드슨사의 리볼버탄으로 1982년에 등장했다. H&R 이외 댄 웨슨(Dan Wesson), S&W, 루거 등에서 이 탄약을 사용하는 총을 생산하고 있다.

327 페더럴(Federal) 매그넘은 357 매그넘을 사용하는 리볼버보다 위력이 약한 리볼버에 사용할 목적으로 2008년에 개발했다.(루거 GP100 리볼버용)

25 오토

7.62×17

32 오토

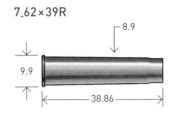

7.62×39R

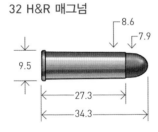

32 H&R 매그넘

327 페더럴 매그넘

탄약명	탄두 중량(gr)	초속(ft/s)	운동에너지(ft·lbs)
25 오토	35	1,150	103
7.62×17	74	990	161
32 오토	65	925	123
7.62×39R	97	1,070	250
32 H&R 매그넘	90	1,227	301
327 페더럴 매그넘	100	1,874	780

9-04 8~9mm 클래스 리볼버용

대인 전투용으로 위력이 충분하다

26년식 9mm 권총탄은 러일전쟁 당시 일본군 권총에 사용했다. 지금은 사용하지 않지만 군용으로는 다소 위력이 약했다.

같은 시기 미군용 리볼버탄 중에 38 롱 콜트(1892년 등장)가 있었다. 미국이 필리핀의 독립전쟁을 진압할 때 사용했는데, 위력이 너무 약해 칼을 휘두르며 돌진하는 적에게 6발이나 쐈는데도 쓰러지지 않자 이후 미군은 구경 45로 교체했다는 일화가 있다.

38 스페셜은 S&W사가 M1899 리볼버용으로 제작해 경찰용이나 호신용 리볼버탄으로 많이 보급했다. 일본 경찰도 많이 사용한다. 이전에는 38 S&W를 사용했지만 위력이 부족해서 퇴출당했다.

357 매그넘은 38 스페셜의 탄피를 다소 길게 제작해 화약량을 늘린 제품으로 1939년에 개발했다. 38 스페셜은 자동차 문을 뚫지 못했지만, 357 매그넘으로는 뚫을 수 있었기 때문에 38 스페셜을 대신해서 경찰용 리볼버탄으로 주목받으며 미국 경찰에 보급됐다. 자동차 문을 방패 삼아 상대와 총격전을 할 때 유리했기 때문이다.

그러나 경찰이 매그넘을 사용하는 것은 과하다는 지적 때문에 357 매그넘과 유사한 위력을 지닌 38 스페셜 플러스 P를 사용하기도 한다. 38 스페셜의 화약량을 늘린 것이다.

26년식

9.8　9.5
9.1
11.1
21.9
30.5

38 롱 콜트

9.7
9.2
11.3
26.2
35.2

38 스페셜

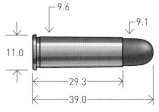

9.6
9.1
11.0
29.3
39.0

357 매그넘

9.6
9.1
11.2
32.8
40.0

38 S&W

9.82　9.79
9.2
11.2
18.7
31.5

38 쇼트 콜트

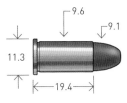

9.6
9.1
11.3
19.4

탄약명	탄두 중량(gr)	초속(ft/s)	운동에너지(ft·lbs)
26년식	151	495	82
38 롱 콜트	150	777	201
38 스페셜	158	770	208
357 매그넘	158	1,485	774
38 S&W	195	653	185
38 쇼트 콜트	128	777	181

8~9mm 클래스 자동 권총용
7.62mm 토카레프는 9mm 루거보다 강하다

7.62mm 토카레프는 오른쪽 그림처럼 구경은 작지만, 탄피 직경이 9mm 루거와 비슷하고 길이는 오히려 더 길다. 실제 발사약도 9mm 루거보다 많이 들어가기 때문에 단순 계산으로도 운동에너지는 9mm 루거보다 크며 관통력도 우수하다. 8mm 난부는 구일본군의 14년식 권총에 사용하던 탄약으로 지금은 찾아볼 수 없다. 토카레프탄과 유사하지만 다소 크기가 작으며 위력이 상당히 떨어진다. 대신 반동이 작아서 쏘기 편하다.

9mm 마카로프는 제2차 세계대전 후 러시아가 토카레프 후속으로 개발한 마카로프 권총에 사용하는 탄약이다. 구경은 9mm이지만 9mm 루거보다 약해서 군용치고는 위력적이지 않다는 평가도 있다. 러시아군에게 권총은 적병을 제압하는 용도라기보다 명령을 어긴 병사를 처단하거나 자결하기 위한 용도였던 것 같다.

380 오토는 9mm 마카로프보다 탄피가 1mm 짧을 뿐 매우 유사하다. 호신용 중소형 권총에 적합해 발터 PP, 마우저 HSc, 베레타 1934, 브라우닝 M1910, 글록 25 등 수많은 권총에 사용한다.

헷갈리기 쉬운 38 오토(9×23)라는 탄약도 있다. 콜트 M1900에 사용하는데 9mm 루거와 거의 같은 위력이기 때문에 9mm 루거가 보급되면서 퇴출당했다. 그러나 탄피의 화약량을 늘려 38 슈퍼라는 이름으로 부활했다. 콜트 Mk.IV에 사용한다.

7.62mm 토카레프

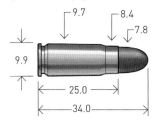

9mm 루거

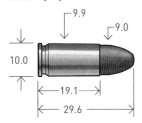

8mm 난부

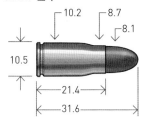

9mm 마카로프

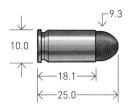

380 오토

38 오토(38 슈퍼)

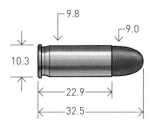

탄약명	탄두 중량(gr)	초속(ft/s)	운동에너지(ft·lbs)
7.62mm 토카레프	85	1,650	511
9mm 루거	123	1,100	364
8mm 난부	102	950	202
9mm 마카로프	95	1,050	281
380 오토	95	980	203
38 오토	125	1,100	336
38 슈퍼	130	1,305	439

9~10mm 클래스 자동 권총탄
357 매그넘의 위력을 자동 권총에서 구현한다

357 SIG는 357 매그넘과 같은 위력의 탄약을 자동 권총에도 사용하기 위해 개발했으며 글록 31이나 글록 32에 사용한다. 유럽 제조사가 개발했는데도 9mm 오토 매그넘이라고 부르지 않고, 357 매그넘의 인기에 편승해 보고자 이름에 357을 붙였으나 그다지 보급되지 않았다.

357 명칭을 쓰지 않았지만, 38 슈퍼도 유사한 탄약으로 357 SIG보다 더 보급되지 않았다. 탄피가 길어서 사용할 수 있는 총기가 한정적이었기 때문이다. 45 ACP는 스토핑 파워(stopping power)가 우수하지만, 반동 강도에 비해 탄속이 느려 방탄조끼를 뚫지 못한다. 반면 9mm 패러벨럼은 스토핑 파워가 부족하다. 그래서 1983년에 이 두 가지 탄약의 중간격인 10mm 자동 권총탄(10mm 오토)이 자동 권총인 브렌 텐(Bren Ten)과 함께 발매됐다. 이후 콜트사의 델타 엘리트(Delta Elite) 같은 몇 가지 권총이 제작됐지만 성공을 거두지는 못했다. 총에도 문제가 있었지만 반동이 심해 사용하기 힘들었기 때문이다.

10mm 오토에 비해 화약량이 적고 탄피 길이도 줄인 40 S&W가 1990년에 등장했다. 이 탄약이 나오면서 9mm 자동 권총에서 10mm탄을 쏠 수 있게 됐다. 9mm 루거탄보다는 아주 조금 크지만 거의 차이가 없고, 기존 9mm 권총의 설계상 큰 변경 없이 40 S&W용 권총을 제작할 수 있었기 때문에 제법 많이 보급됐다. 10mm 오토가 지향하던 바를 40 S&W가 완성했다고 할 수 있다.

357 SIG

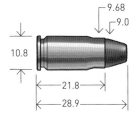

9mm 슈타이어

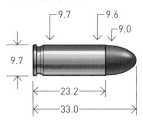

10mm 오토

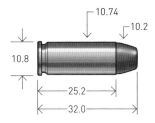

40 S&W

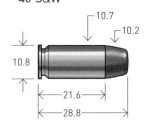

탄약명	탄두 중량(gr)	초속(ft/s)	운동에너지(ft·lbs)
357 SIG	115	1,550	614
9mm 슈타이어	115	1,230	388
10mm 오토	155	1,500	775
40 S&W	155	1,205	500

9mm 슈타이어는 제1차 세계대전 당시 오스트리아군이 사용했지만, 9mm 루거가 보급되면서 사라졌다.

9-07 41~44 리볼버
대구경 총으로 스토핑 파워를 얻다

41 매그넘은 44 매그넘보다 쏘기 쉽고, 357 매그넘보다 강하다는 인상을 심어주면서 1963년에 등장했다. S&W의 M57이나 M58, 루거 블랙호크에 사용할 수 있지만 그다지 보급되지 못했다. 참고로 41은 백여 년이나 전에 콜트 M1877 리볼버탄으로 쓰던 41 롱 콜트 및 쇼트 콜트가 있었지만, 지금은 사라졌다.

44 스페셜은 흑색화약 시대에서 무연화약 시대로 접어든 1907년에 등장했지만, 실제 구경은 0.41인치다. 이는 미국의 서부 개척 시대에 인기가 많았던 구경이 44나 45였기 때문에 44로 표시한 것이다. 처음에는 제법 보급되는 듯했으나 1955년에 44 매그넘이 등장하면서 밀려나고 말았다. 이 탄약을 사용하는 권총에는 S&W의 M21, M696, 콜트 SAA, 차터 암즈 불독(Bulldog) 등이 있다.

44 매그넘은 S&W사의 M29 리볼버의 탄약으로 1955년에 등장했는데 44 스페셜의 위력을 높이면서 탄피를 다소 길게 개량했다. 단순히 크기만 키우기 위해서라면 탄피 길이를 길게 할 이유가 없다. 기존 44 스페셜의 강도를 고려해 제작한 총 중에는 44 매그넘의 강도를 이기지 못하는 것도 있다. 그래서 탄피를 길게 제작해 44 스페셜용 총에 장전할 수 없도록 한 것이다. 이 탄약은 영화 〈더티 해리(Dirty Harry. 1971년)〉에서 "세계에서 가장 강력한 권총이다."라는 대사로 유명해졌다.

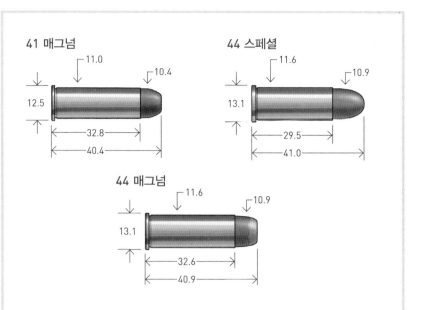

41 매그넘
11.0
10.4
12.5
32.8
40.4

44 스페셜
11.6
10.9
13.1
29.5
41.0

44 매그넘
11.6
10.9
13.1
32.6
40.9

탄약명	탄두 중량(gr)	초속(ft/s)	운동에너지(ft·lbs)
41 매그넘	210	1,567	1,160
44 스페셜	200	870	336
44 매그넘	240	1,500	1,200

콜드 피스 메이커는 처음에 구경 45로 발매했지만, 원체스터 M73과 같은 탄약을 사용하기 위해서 구경 44도 생산했다.

9-08 구경 44~45

옛날 탄약이지만 아직도 건재하다

44 오토 매그넘은 1970년에 '리볼버인 44 매그넘을 능가하는 위력을 가진 자동 권총'이라는 캐치프레이즈를 내걸고 등장한 44 오토 매그넘 권총의 탄약이다. 하지만 이 총은 작동 불량이 많아 상업적으로 성공하지 못했다.

44-40 윈체스터는 1873년에 윈체스터사의 레버 액션 라이플탄으로 등장했다. 44-40의 44는 구경, 40은 흑색화약 40gr이 들어간다는 의미다. 권총인 콜트 피스 메이커가 기존에 사용하던 45 롱 콜트 실탄과 유사했기 때문에 44-40 윈체스터를 사용할 수 있는 콜트 피스 메이커도 생산했다. 흑색화약 시대의 오래된 탄약이지만 시대를 넘어 미국인의 사랑을 받으며 지금도 생산하고 있다.

45 롱 콜트는 1872년에 콜트 피스 메이커의 탄약으로 등장했다. 콜트 피스 메이커는 서부 영화에 가장 많이 등장하는 총이기 때문에 지금도 미국에서 애호가들이 끊이지 않고 있으며 탄약도 백여 년 전에 설계한 그대로 생산하고 있다.

45 ACP(45 오토)는 무연화약과 자동 권총 시대로 접어들면서 미군용으로 개발한 콜트 M1911 자동 권총용 탄약이다. 45 롱 콜트와 거의 같은 위력이지만, 무연화약이기 때문에 탄피가 매우 짧고 다소 가늘다. 이 탄약도 미국에서 큰 인기를 누리고 있어 콜트 M1911 이외에 이 탄약을 사용하는 수많은 권총이 제작됐다.

44 오토 매그넘

44-40 윈체스터

45 롱 콜트

45 ACP(45 오토)

탄약명	탄두 중량(gr)	초속(ft/s)	운동에너지(ft·lbs)
44 오토 매그넘	240	1,300	900
44-40 윈체스터	225	750	281
45 롱 콜트	230	969	480
45 ACP(45 오토)	230	850	369

미국에서 구경 45의 인기는 상상을 초월한다.

슈퍼 파워 권총탄

위력적이지만 도가 지나치다?

45 원체스터 매그넘은 1977년에 '리볼버인 44 매그넘을 능가하는 위력을 가진 자동 권총'이라는 캐치프레이즈를 내걸고 등장한 윌디 권총의 탄약으로 발매됐지만, 별로 인기를 끌지 못했다. 이 정도 클래스라면 실용성과는 거리가 멀고, 수집이나 관상용 총이다.

454 커술(Casull)은 45 롱 콜트의 탄피를 길게 늘인 모양이기 때문에 이 탄약이 장전되는 약실에 45 롱 콜트도 넣어서 쏠 수 있다. 루거의 슈퍼 레드호크, 타우러스 레이징 불(Taurus Raging Bull)의 프로 헌터(Pro Hunter) 등이 대표적이다. 이 정도 클래스의 리볼버 탄약으로는 475 라인보우(Linebaugh), 480 루거 등이 발매됐으나 이렇다 할 관심을 끌지는 못했다.

50 AE는 1992년에 자동 권총인 데저트 이글의 탄약으로 등장했다. 탄두 직경은 0.54인치(13.7mm)이고, 500 S&W의 0.492인치(12.5mm)보다 크다. 대구경이지만 데저트 이글은 만듦새가 좋고, 자동 권총이기 때문에 (특히 가스 이용식은) 위력에 비해 반동이 작아 인기가 많았다.

500 S&W는 2003년에 세계 최강의 권총이라는 평가를 받으며 등장한 S&W사의 M500에 쓰인 탄약이다. 위력은 44 매그넘의 3배로 헌팅 라이플 수준이다. 곰을 제압할 수 있는 위력을 지녔기 때문에 곰이 출몰하는 지역에서 라이플 소지가 여의치 않다면 좋은 대안이 될 수 있다. 그러나 반동이 너무 커서 쏠 때마다 각오해야 한다. 필자는 44 매그넘 정도의 반동이라면 크게 문제없지만, 이 총으로 사격하면 손에 다소 통증을 느낀다.

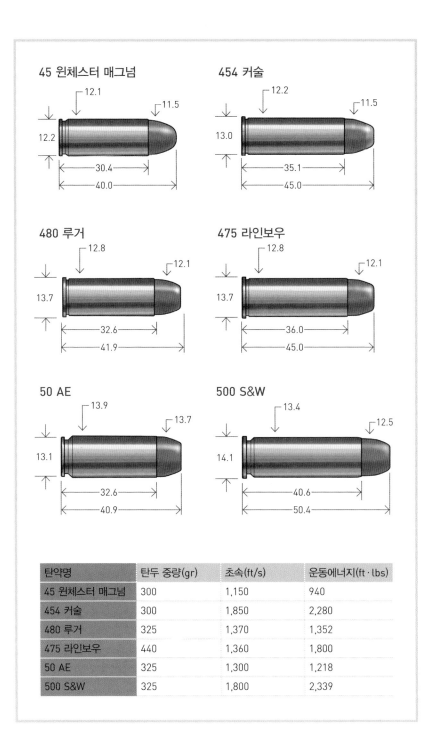

탄약명	탄두 중량(gr)	초속(ft/s)	운동에너지(ft·lbs)
45 윈체스터 매그넘	300	1,150	940
454 커술	300	1,850	2,280
480 루거	325	1,370	1,352
475 라인보우	440	1,360	1,800
50 AE	325	1,300	1,218
500 S&W	325	1,800	2,339

권총용 산탄

미국을 시작으로 많은 나라에서 산탄 권총 소지를 금지하고 있지만, 일반적인 권총으로도 쏠 수 있는 산탄 실탄이 있다. 물론 작은 권총 탄피에 산탄을 넣어봐야 많이 들어가지는 않는다. 주요 목적은 새 사냥이 아니라 뱀 퇴치다. 독사처럼 작은 표적은 일반적인 권총탄으로 쉽게 맞힐 수 없기 때문에 산탄을 사용하는 것이다. 사진처럼 산탄은 플라스틱 캡슐에 들어 있으며, 캡슐은 발사 시 충격으로 깨진다.

44 매그넘 산탄(왼쪽). 357 매그넘 산탄(오른쪽).

참고 문헌

도서

《AMMUNITION MAKING》, George E. Frost, The National Rife Association, 1990년

《Cartridges of the World》, Frank C. Barnes, Gun Digest Books, 1996년

《GUN FACT BOOK》, 미국라이플협회(감수), 고바야시 히로아키 옮김, 가쿠슈켄큐샤, 2008년

《수중탄도의 연구》, 이소베 고 지음, 도쿄대학출판회, 1975년

《화약 기술자 필수 휴대》, 기무라 신·스즈키 요시타카 엮음, 산교토쇼, 1969년

잡지

《월간 GUN》 각 호

《월간 GUN 별책》 1, 2, 3권

※ 제공처 표기가 없는 사진은 저자 소유.

지은이 가노 요시노리

군사 무기 전문가. 가스미가우라 항공학교를 졸업했고, 지금은 군사 도서를 집필하는 전문 작가로 활동 중이다. 군 생활에서 쌓은 경험과 지식을 바탕으로 대중도 이해하기 쉬운 군사 도서를 저술한다. 주요 저서로《미사일의 과학》《저격의 과학》《권총의 과학》《스나이퍼 입문》등 11종이 있다.

　군 출신으로 각종 무기와 군사 지식을 온몸으로 경험했다. 이 덕분에 자신이 체험한 총기의 특징을 기술하고 비평하는 등 생동감 넘치는 정보를 풍부하게 제공한다. 밀리터리 마니아 사이에서 정확하고 실용성이 높은 정보를 짜임새 있는 구성으로 잘 보여준다는 평이다.

옮긴이 신찬

인제대학교 국어국문학과를 졸업하고, 한림대학교 국제대학원 지역연구학과에서 일본학을 전공하며 일본 가나자와 국립대학 법학연구과 대학원에서 교환 학생으로 유학했다. 일본 현지에서 한류를 비롯한 한일간의 다양한 비즈니스를 오랫동안 체험하면서 번역의 중요성과 그 매력을 깨닫게 됐다고 한다. 현재 번역 에이전시 엔터스코리아에서 출판 기획 및 일본어 전문 번역가로 활동 중이다. 옮긴 책으로는《총의 과학》《자동차 운전 교과서》《기상 예측 교과서》《미사일 구조 교과서》《비행기 엔진 교과서》등 다수가 있다.

권총의 과학
리볼버, 피스톨의 구조와 원리가 단숨에 이해되는 권총 메커니즘 해설

1판 1쇄 펴낸 날 2022년 6월 20일
1판 2쇄 펴낸 날 2023년 10월 20일

지은이 가노 요시노리
옮긴이 신찬

펴낸이 박윤대
펴낸곳 보누스
등록 2001년 8월 17일 제313-2002-179호
주소 서울시 마포구 동교로12안길 31 보누스 4층
전화 02-333-3114
팩스 02-3143-3254
이메일 bonus@bonusbook.co.kr

ISBN 978-89-6494-556-8 03400

• 책값은 뒤표지에 있습니다.

정확한 팩트와 수치로
총의 발전사와 메커니즘을 해설하다

—

총의 정의와 종류, 역사, 발사 구조와 원리, 탄약, 탄
도학 등에 관한 여러 지식을 모아 소개한다. '총이란
무엇인가?'라는 질문에 총체적으로 답하는 밀리터리
지식 교양서. 누구든 가장 빠르고 쉽게 총에 관한
교양을 쌓을 수 있다.

가노 요시노리 지음 | 신찬 옮김

가장 작지만 강력한
소화기 메커니즘의 결정체

—

권총의 정의, 유래, 역사 등은 물론이고 격발 구조와
오발 방지 장치, 탄피 제거 원리 같은 메커니즘 전반
을 소개한다. 안전하게 권총을 다루는 방법과 사격
술의 기초를 익힐 수 있도록 도와준다. 누구라도 쉽
게 권총의 핵심 지식을 습득할 수 있도록 안내한다.

가노 요시노리 지음 | 신찬 옮김